改变，从阅读开始

游戏中的科学②

Penny老师 教你创意玩科学

陈乃绮（Penny）著

山西出版传媒集团 山西人民出版社

图书在版编目（CIP）数据

游戏中的科学.2 /陈乃绮著. --太原：山西人民出版社，2018.1

ISBN 978-7-203-10211-3

Ⅰ.①游… Ⅱ.①陈… Ⅲ.①科学实验-青少年读物 Ⅳ.①N33-49

中国版本图书馆CIP数据核字（2017）第305930号

游戏中的科学.2

著　　者：陈乃绮（Penny）
责任编辑：李　鑫
复　　审：贺　权
终　　审：员荣亮
选题策划：北京汉唐阳光

出 版 者：山西出版传媒集团·山西人民出版社
地　　址：太原市建设南路21号
邮　　编：030012
发行营销：010-62142290
　　　　　0351－4922220　4955996　4956039
　　　　　0351－4922127（传真）　4956038（邮购）
E－mail：sxskcb@163.com　（发行部）
　　　　　sxskcb@126.com　（总编室）
网　　址：www.sxskcb.com

经 销 者：山西出版传媒集团·山西人民出版社
承 印 者：鸿博昊天科技有限公司
开　　本：880mm×1230mm　1/24
印　　张：11.25
字　　数：100千字
版　　次：2018年1月第1版
印　　次：2018年1月第1次印刷
书　　号：ISBN 978-7-203-10211-3
定　　价：58.00 元

如有印装质量问题请与本社联系调换

动手玩科学、轻松学理化

陈乃绮（Penny）

初中时，学校往往为了升学考试，毅然决然牺牲了我们的实验课，就这样一直到了高中，连半个完整实验都没操作过的我，想起了小时候读的爱迪生传记，记得他从小就拥有不停做实验的机会，相较于学习科学方式仅局限于教科书的我来说，明显比近两百年前的古人还要落后许多。心中除了羡慕也立下了一个愿望，希望在不久的将来，我能有机会尽一点心力，让每一个小朋友都能简单地开始动手做实验。

研究所时，在补习班任教的我，常常和同学们分享学习的乐趣及科学时事，而他们往往都是津津有味的听着。但考不理想的同学只要一谈到物理、化学，总是避之唯恐不及，学习态度也更趋低落。这景象令我难过了许久，我不希望学生只因为分数不理想，而切断自己和科学的联结，这也让我更坚定地走上实验教学这条路。

科学实验在日常生活中俯拾即是，如果只为了考试而硬背物理定律或化学方程式，只会使你的求知欲望越来越委靡、越来越消沉，倘若学校宣布物理、化学课要开始制作黑胶唱片机、针孔相机、扩音喇叭，倘若认识显微镜是教你从自制显微镜开始、拿可乐做闹钟、大吃纸火锅、自制仙女棒，冬天带领大家自制暖暖包，夏天则是冷冷包……是不是光听一下就觉得有趣又不可思议呢？

科学一直以来想要教会我们的，不是考卷上面的成绩，而是一种生活态度。是一场需要思考、探索以及寻找的知识盛宴，通过亲手做实验，将生活中的现象与问题，推敲理解个中的道理，以及更改实验产生的不同实验结果，每每都是宝贵经验，会深刻地印在脑海中，升华成一辈子受用不尽的知识宝藏，比光看教科书上的文字或公式，逼迫自己在明天考试前完全熟记还要令你印象深刻、让你难以忘记。

我在这本书中设计了 25 个中学生必学的科学原理，再将之延伸成 75 个超酷的实验，每个实验都附上简单的原理解释，方便同学理解，由浅入深，先学会重要的概念和原则，再按难度和层次循序渐进，适合试图在课堂中让学生耳目一新的老师，或是渴望和孩子共同学习的家长，抑或是曾经对科学失去希望、现在期盼和科学重新认识的人，除了带你做一个个新奇有趣的超酷实验外，其内容尚涵盖中学生物、物理、化学课程，让你全方位学习科普知识，将相关知识重新以新奇有趣的图片真实呈现出来，以创造自发性学习的动机。

书中的实验材料大多都是家中唾手可得的，无须花钱去买，书中也适时辅以生活周遭可见的科学趣闻与现象。亲近科学绝非难事，倘若你愿意一步一脚印地挖掘其中奥妙的乐趣，得到的收获绝对超过教科书上单方面传授的知识，期许同学能借助此书得到对科学的启发，让求知欲尽情挥洒，实现“动手玩科学、轻松学理化”的理想。

Contents
目录

A+B

Penny老师教你创意玩科学

1月

创意玩科学 生物

大家进入初中后，接触到的第一个自然科学学科便是生物，除了介绍生物圈里的各种物种分类演化之外，与我们最息息相关的便是人体：人体内的组成、人体的运作以及遗传和演化。下面美美的例子就与遗传基因有关喔！

科学好好玩❶：DNA 萃取

细胞非常小，必须用显微镜才能观察，更不用说细胞核中的 DNA 了。而这个小实验让你可以自行萃取出 DNA 并观察喔！

科学好好玩❷：指纹采集

凡走过必留下痕迹，凡碰过必留下指纹。每个人的指纹都是独一无二的，教你一个简单方法，用家里就有的东西，让隐形的指纹现形！

科学好好玩❸：茅屋干酪

蛋白质是组成人体的一个很重要成分，也是热量的来源之一，通过干酪的制作，我们可以了解蛋白质变性以及人体是如何吸收再重新组成所需的蛋白质。

科学好好玩❹&❺：立报纸仿叶脉&叶脉书签

小小的叶子，对地球却有大大的影响。在这两个单元中，除了介绍植物叶子的特性及功能，我们还要仔细看看叶脉，如果按照叶脉的形式折纸，软软的报纸也可以立起来！

科学好好玩❻：香蕉刺青

香蕉刺青不需要颜料，只要破坏果皮的细胞让酵素接触到空气就行了！同时也要认识水果的氧化，学习保存不同水果的方式。

Lesson

1 生物的起源！看一看自己的DNA

地球上所有的生物，包含动物、植物和细菌等，都是由细胞所组成，细胞是组成生物的基本单位，但不同的器官，细胞构造都会有一些差异。

细胞的构造

细胞具有三个基本的构造，分别为细胞膜、细胞质及细胞核：

● 细胞核：细胞核内含有许多物质，我们常常听到的 DNA 便是位于此处。

● 细胞质：细胞质的组成较为复杂，不同的部分具有不同的功能，例如："高尔基体"是细胞的分泌中心，处理分泌物质的包装与分类；"核糖体"是合成蛋白质的场所。

● 细胞膜：作为隔离内外的一层障壁，也负责控制物质的进出。

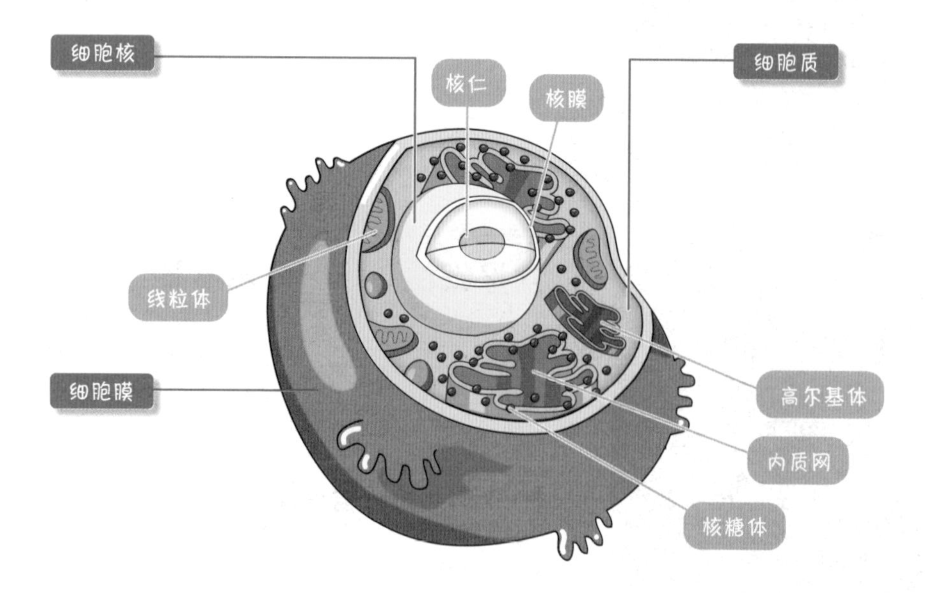

遗传物质染色体、DNA、基因

细胞核里面有染色体，染色体里面有 DNA，而基因是一对具有特殊功能的 DNA，所以若是比较其大小：染色体 > DNA > 基因。

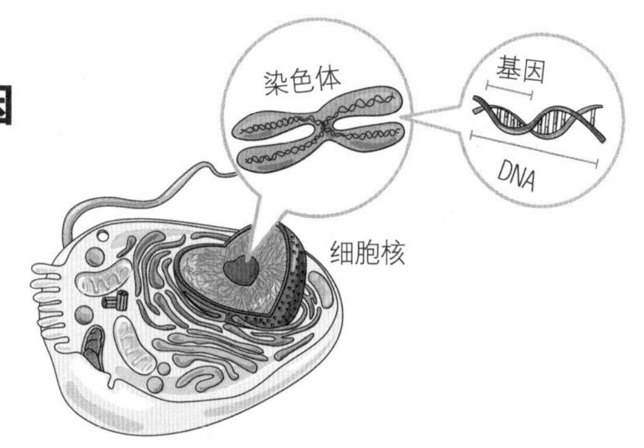

- **染色体：** 染色体存在于细胞核之内，由 DNA 和蛋白质缠绕在一起组成。每一种生物细胞具有的染色体数目是特定的，例如：人类具有 23 对染色体，也就是 46 条，其中有 22 对染色体，决定我们的遗传表现，另一对则为性染色体，决定人类的性别。

  越聪明的生物染色体越多越复杂吗？其实不一定。在 2013 年科学家发现了一种纤毛虫的染色体高达 15600 条，甚至有许多低等生物也有好几千条的染色体喔！
- **DNA：** DNA 的中文译名为“脱氧核糖核酸”，可以视其为遗传密码，每个人都不一样，DNA 的外观为双股螺旋状，由四个部分组成，分别为 A（腺嘌呤）、G（鸟嘌呤）、T（胸腺嘧啶）、C（胞嘧啶）。

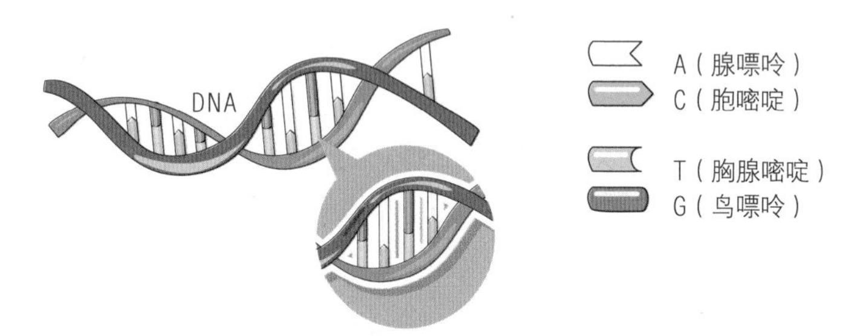

- **基因：** 基因是遗传的基本单位，为一段具有特殊功能的 DNA，父母亲会将基因传给下一代。人类大概有 2 万 - 3 万个基因，影响着我们的外型、智能，甚至是健康状况。

  根据门德尔定律，基因分显性和隐性，通常一半来自父亲，一半来自母亲，比如卷发是显性，直发是隐性，当显性基因与隐性基因结合时，显性基因的表现会较强烈。

  我们可以用棋盘方格预测法，来预测下一代的长相。假设卷发的基因为 H（显性）、直发为 h（隐性），而爸爸是卷发，妈妈是直发，则小朋友的头发基因为：

Q1 如果爸爸是卷发（HH），妈妈是直发（hh），则小朋友的头发基因为：

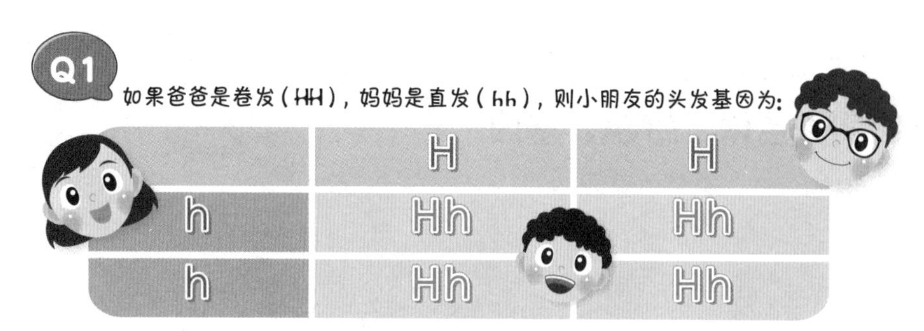

因显性基因较明显，因此小朋友都是卷发（Hh）

Q2 如果爸爸是卷发(Hh)，妈妈是直发(hh)，则小朋友的头发基因为：

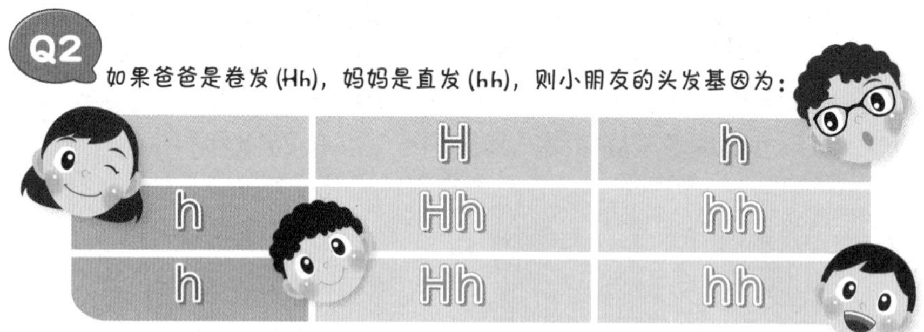

不过，根据棋盘方格的预测，小朋友也有机会出现隐性（hh）的直发喔！

- **血型：** 同样的方法也可以拿来预测血型，血型的遗传因子有 I^A、I^B、i 三种，以下为组成方式：

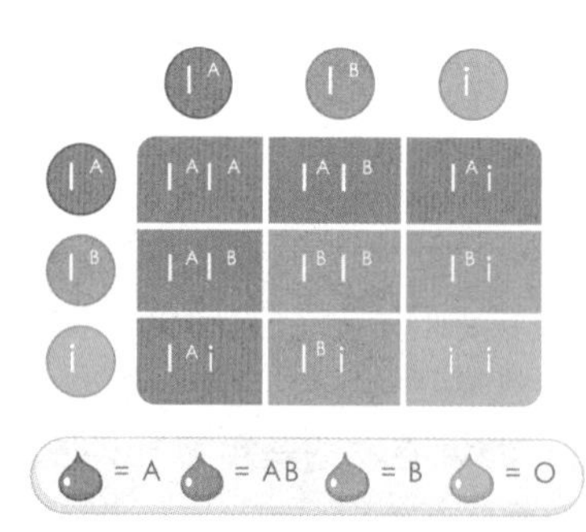

- A 型可能为：I^A I^A 或是 I^A i
- B 型可能为：I^B I^B 或是 I^B i
- O 型可能为：i i
- AB 型可能为：I^A I^B

科学好好玩 01 DNA 萃取

取得 DNA 的四大关键

洗发精

必须含有十二烷基硫酸钠，可以溶解细胞膜。

菠萝罐头

里面的菠萝酵素，可以将细胞中的蛋白质溶解。

食盐

DNA 略带负电，食盐可将 DNA 吸附过来，使其聚合在一起。

乙醇，即酒精（95%）

可使 DNA 溶液脱水，DNA 便会沉淀析出。

难易度	★★★☆☆
家长陪同	□必须 ■可自主

实验材料

1. 奇异果　2. 菠萝罐头　3. 筷子　4. 乙醇

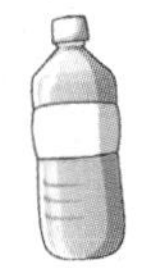

5. 亚甲蓝液　6. 杯子　7. 滴管　8. 试管　9. 食盐　10. 洗发精　11. 水

实验步骤

1 将奇异果放入杯中，用筷子捣碎。

2 调配一杯溶液 A：洗发精 5 毫升、盐 15 克、水 50 毫升。

3 将奇异果泥倒入溶液 A 里，并用筷子搅拌。

4 用另一个杯子调配溶液 B：菠萝罐头汁 5 毫升、纯水 95 毫升。

A+ 奇异果泥 +B

5 在溶液 A 里倒入溶液 B，均匀混合。

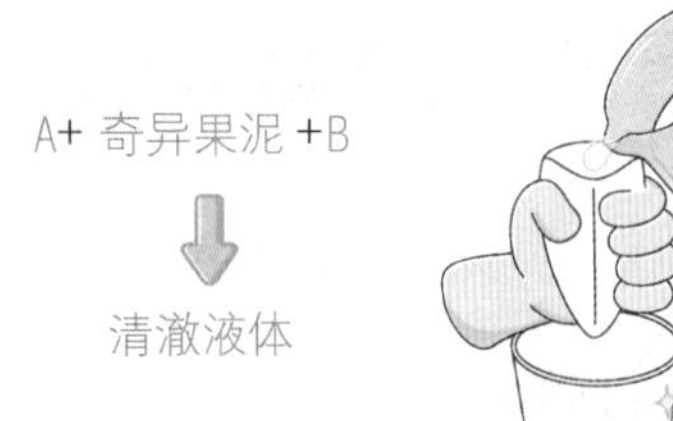

6 将此溶液倒入过滤袋过滤，取出清澈液体。

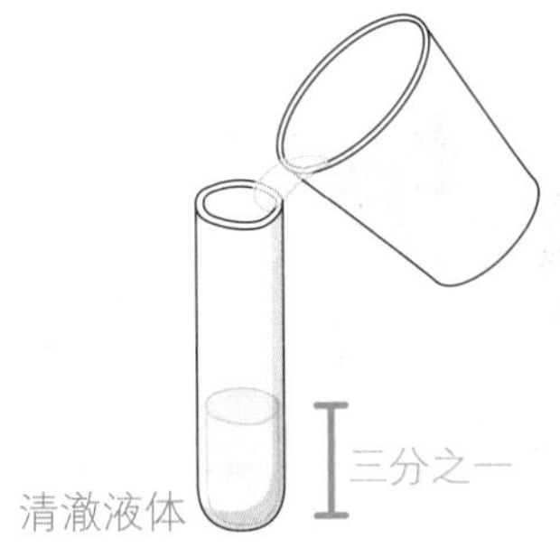

7 将清澈液体倒入试管，到约三分之一的位置。

8 用滴管吸取乙醇，沿着试管壁缓缓滴入。

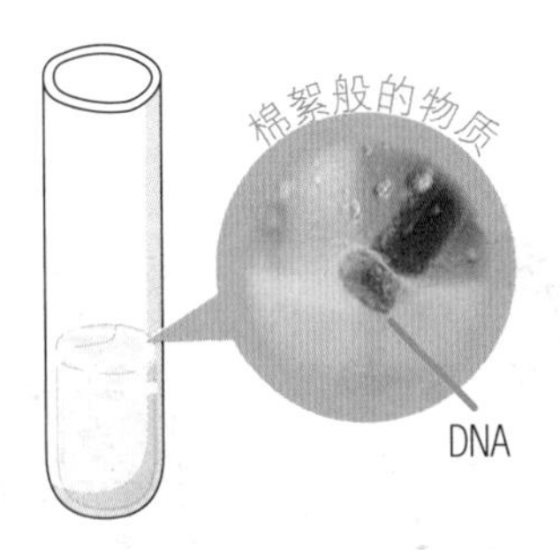

9 此时乙醇与液体的交界处，会出现如棉絮般的物质，这就是聚合而成的 DNA。

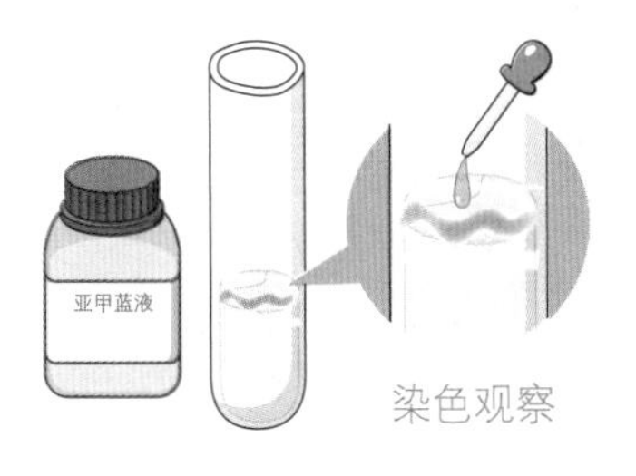

10 用滴管吸取亚甲蓝液，深入至交界处中挤出，可将聚合的 DNA 染色，方便观察。

原来古代画押是要留指纹？

在中国古代，人们会利用指纹作为案件画押的依据；以前的合约也会利用指纹来当作双方买卖的证据，这表示从古代开始，人们就知道指纹可以用来证明或代表一个人的身份。为什么指纹可以辨识身份呢？因为它具有以下的特性：

触物留痕

汗液里面有许多物质，里面的成分挥发性很慢，且具有黏着性；而指纹通过汗液，将纹路留在物品上，就会成为鉴识的关键。

指纹不变

婴儿在母体内时，指纹就已经成形了！而且在成形之后，一直到寿命终结之时，指纹的形状都不会改变，只会有大小的不同。因此在案件上，是一个参考证据。

指纹的唯一性

我们利用指纹上的特征来判断两枚指纹是否相同（一枚指纹的平均特征点为 100 个），两枚指纹只要有 13 个相同的特征点，就可以视为相同的指纹，数学家通过统计发现，大约要 10^{49} 的人口，才会出现两枚相同的指纹，出现几率非常低。

指纹的修复能力

长期做粗重工作的人，手的磨损比较高，指纹会比较不明显，但只要经过休息，指纹便会再生。当指纹受到不可恢复的伤害时，会留下疤痕，而这个疤痕就可以代替指纹作为鉴别的依据，因此不用担心指纹会消失。

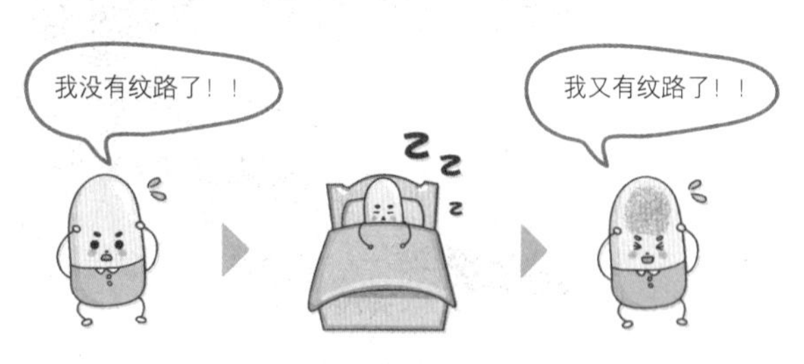

指纹只要经过休息，就会再生。

保存期长

指纹保存的时间取决于环境的温度、湿度等诸多因素，人体产生的汗水分泌物多寡等，也会影响指纹保存的长短。根据纪录显示，曾经有三十几年历史的指纹仍然能被鉴定出来。

科学好好玩 02 指纹采集

碘酒即可让指纹现形！

碘酒中含有碘，受热后会变成紫色的碘蒸气，如果接触到指纹，便会溶进指纹中，进而让指纹现形。

难易度	★★☆☆☆
家长陪同	□必须 ■可自主

LESSON 1

实验材料

1. 碘酒

2. 胶带

3. 塑料杯

4. 滴管

5. 搅拌棒

6. 白纸

实验步骤

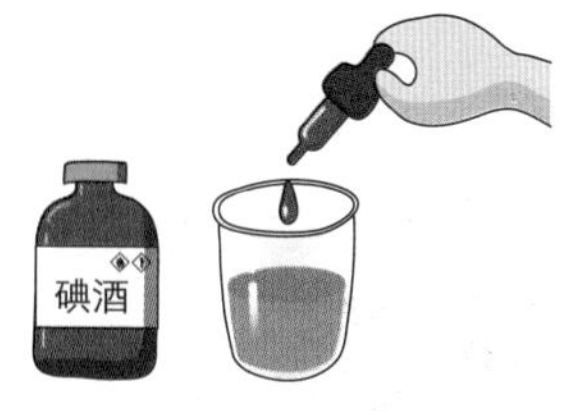

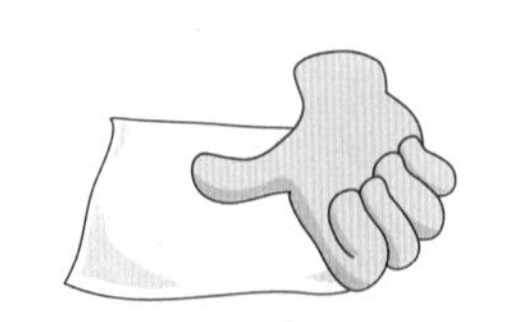

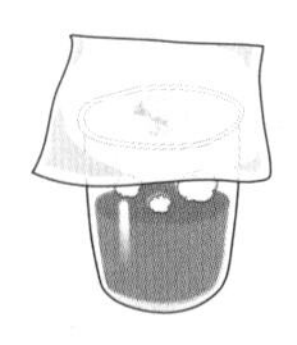

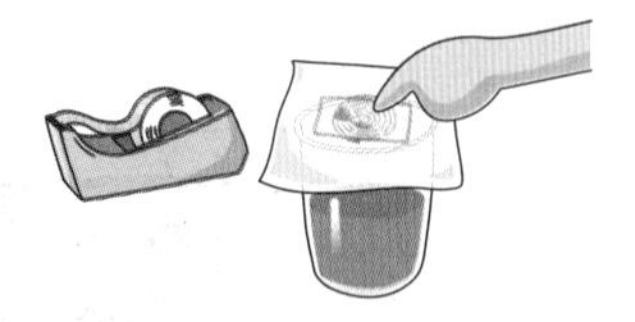

1 在杯中滴入碘酒，并加入温热水。

2 取一张白纸在纸上按压。

3 将纸放在塑料杯上，等碘蒸气将指纹染色。

4 等指纹显形之后，用胶带将指纹贴住，以免指纹被抹掉。

指纹还有哪些用处？

生活小教室

❶ 光学指纹辨识器

光学指纹辨识器是利用光打到指纹上后，因为指纹凹凸不平，凹纹和凸纹的反射光不同，进而辨识指纹的形状。

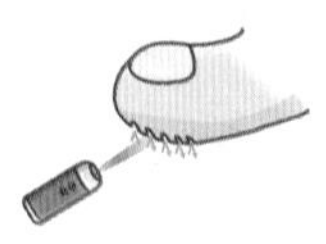

用相同的光打在不同的指纹上，会产生不同的反射光。

❷ 指纹解锁

现在许多智能装置上都有指纹辨识功能，因为指纹凹凸不平的关系，所以每个纹路可以用来辨识指纹资料。

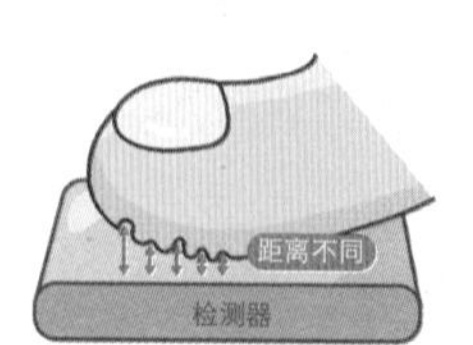

❸ 增加摩擦力

指纹除了可以辨别身份外，凹凸不平的表面还可以增加手上的摩擦力，让我们拿东西时，可以拿得更稳，不容易滑掉。

不住茅屋也能做的茅屋干酪

干酪是用牛奶浓缩而成的乳制品，营养丰富。100 克的牛奶大约可制作 10 克的干酪，却包含了牛奶里面大部分的营养，其中丰富的蛋白质也让干酪拥有白肉之称。

经过高温的沙漠……

脂肪

干酪里的脂肪和高热量的食物相比并不会特别多，适当食用不会造成肥胖，而干酪脂肪提供的能量还可以协助消耗体内囤积的脂肪。

高蛋白质

干酪中的蛋白质占了将近25%，蛋白质是组成细胞的重要物质，还有一些人体必需的氨基酸也可以从干酪的蛋白质中获得。

矿物质和维生素

干酪中含有矿物质钠和磷，维生素A、B族、D和E等，都是维持身体机能的重要营养。

高钙质

干酪内拥有丰富的钙质，适当的摄取可以帮助儿童长高以及预防骨质疏松症。

我们在市面上可以看到琳琅满目的干酪，每种干酪的用途和味道都不太一样，现在我们就来认识一下这些比较常见的干酪吧！

干酪名称	制作方法	成熟期时间	特色
Mozzarella 莫扎瑞拉干酪	牛奶结块之后，直接包上纱布挤干水分。	短	加热后，有很强的黏性，使用在干酪条上。
Cheddar 切达干酪	牛奶结块之后抹上盐，在通风的地窖中放置。	8-15个月	颜色较黄，且较硬，加热后很容易融化，味道带咸味。可夹在三明治里或直接食用。
Parmesan 帕玛森干酪	熟成的时间不同，风味也不同。	不定	口感较硬，通常会制成粉状或是细丝状来增加食物的风味，如搭配意大利面的干酪粉。

科学好好玩 03 茅屋干酪

蛋白质会变性?

当蛋白质碰到酸、碱、有机溶剂、重金属、高温环境、紫外光或 X- 射线而让结构损坏时，它会失去功能，但是组成并不会改变，这种变化就称为蛋白质变性，就像鸡蛋煎熟后，蛋白变成白色，蛋白质已经变性，但是吃蛋时还是可以摄取到蛋白质。

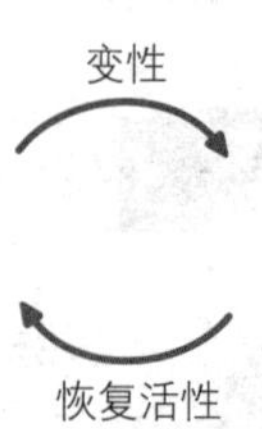

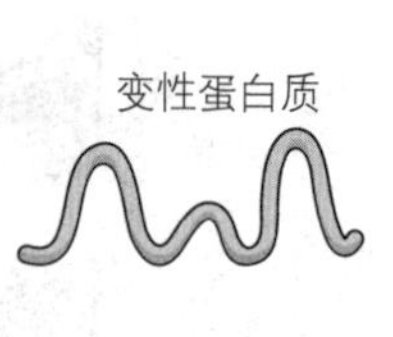

难易度	★★★☆☆
家长陪同	■必须 □可自主

实验材料

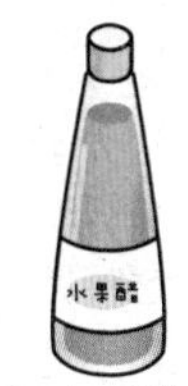

1. 全脂牛奶　2. 钢杯　3. 塑料杯　4. 滤纸　5. 盐　6. 温度计　7. 水果醋

实验步骤

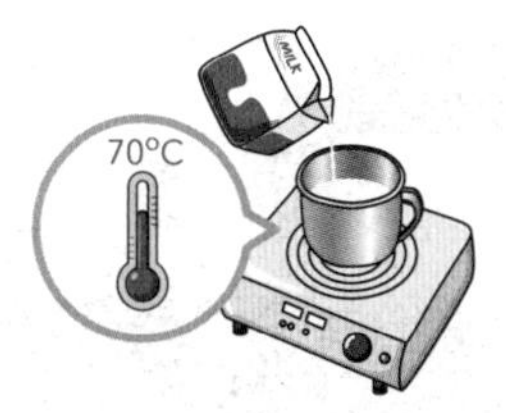

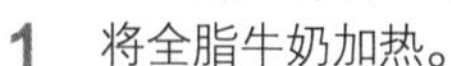

1 将全脂牛奶加热。

2 将温牛奶与醋以3:1的比例倒至杯中，静置10分钟。

3 用滤纸过滤加入醋的牛奶。

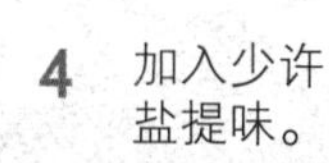

4 加入少许盐提味。

5 静置冰箱，以便结块变硬。

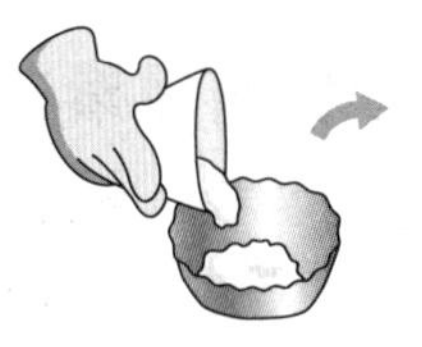

蛋白质相亲相爱就会变成干酪？

生活小教室

Lesson 2

地球不能没有它，小生物大功能！

叶子内的叶绿体吸收阳光后，会将二氧化碳和水转换成葡萄糖和氧气，这个过程称为光合作用。除了植物之外，藻类跟一些含有叶绿体的细菌也会进行光合作用，提供地球上的生物生存所需的能量。

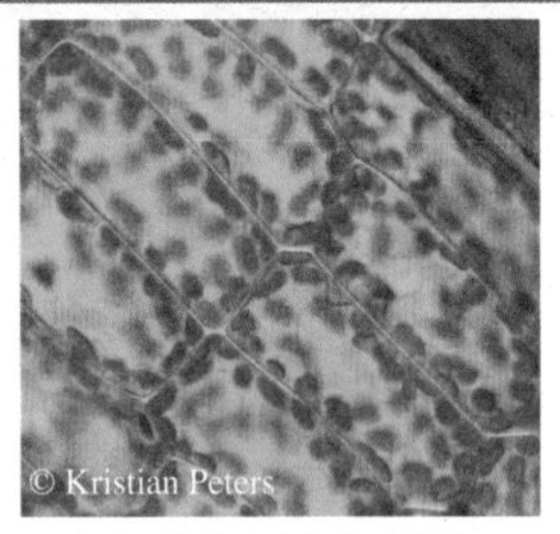

● 通过显微镜观察到的叶绿体。

● 光合作用把二氧化碳变成氧。

叶子也有色素？

以圣诞红来说，漂亮的红色常被误认为是花朵，但其实它是圣诞红的叶子！叶子的绿色主要来自叶绿素，而圣诞红的叶子经过光照和加温后，会使叶绿素分解，并产生花青素，让叶子转变成漂亮的红色！

为什么树会一直落叶子？

叶子暴露在室外的环境当中，会受到冷热、昆虫、紫外线等伤害，因此大部分叶子的寿命都不会超过一百天，而且叶子是植物制造营养的器官，因此不断会有受损的叶子掉落，并生长出新的叶子，植物才能健康地活下去。

各种奇特的叶子

叶子除了进行光合作用和蒸散作用，某些植物的叶子会有其他特别的功能或造型，这些叶子跟一般的叶子不一样，我们称为变态叶。

1. 针状叶

因为仙人掌生长在缺乏水分的沙漠，要避免水分从叶子蒸发，所以演化出像刺一样的针状叶，针状叶没有光合作用跟蒸散作用的功能，主要是为了保护植物不会被其他动物吃掉，仙人掌是通过茎来进行光合作用的，并且储存水分。

2. 捕虫叶

捕蝇草通常生长在土地贫瘠的地方，因为土壤缺乏养分，所以捕蝇草会把叶子变成陷阱来捕捉昆虫，以获得所需的营养，捕蝇草的叶子上有细毛，而且会分泌黏液跟特殊的味道，形状像是一个大夹子，当有昆虫被吸引进来，夹子就会关上把昆虫吃掉。

3. 卷须叶

豌豆的茎非常柔软，没办法站立，需要靠攀爬其他东西才能生长，因此豌豆会长出像须一样的叶子，可以帮助豌豆攀爬，这种叶子叫卷须叶。

4. 储水叶

有些植物叶子鼓鼓胖胖的，里面含有大量的水分，这种叶子称为储水叶，有时可以在水果摊或菜市场看到的石莲花的叶子，这就是储水叶的一种。

© Daigedinge

5. 可以乘坐漂浮的叶子

霸王莲是叶子最大的水生植物，原产地在南美洲亚马逊河流域，叶子直径可以大到1-2米，霸王莲的叶子非常坚固，可以让小孩甚至较轻的大人，坐在叶子上漂浮哦！

6. 最大的叶子

大根乃拉草是生长在南美洲的植物，大根乃拉草的叶子非常的大，可以到2-3米这么大，比一个成年人还高。

地球上最大的生物不是恐龙，是树木

世界上最大的树是位于美国红杉国家公园内的谢尔曼将军树，也被认为是地球上最大的生物，高83.8米，底部最大直径达11.1米。树龄约为2300-2700年。谢尔曼将军树是由博物学家詹姆斯·沃尔弗顿于1879年时命名，为了纪念南北战争时的将军威廉·特库塞·谢尔曼。

将近40层楼高，世上最高的树

亥伯龙树是世界上已知现存最高的树木。亥伯龙树是加州红木，现高115.61米，树龄约为700-800年。在2006年，博物学家克里斯·阿特金斯和迈克·泰勒于美国加州的红木国家公园一处偏僻区域发现该树，并以希腊神话中泰坦巨人之一亥伯龙神为其命名。

科学好好玩 04 立报纸仿叶脉

史上最强支撑系统

报纸折过后，折痕处会变硬，我们可以用折痕来模拟叶脉撑起叶子的方式，撑起报纸，让报纸不垂下来。

难易度	★☆☆☆☆
家长陪同	■必须 □可自主

实验材料

1. 报纸

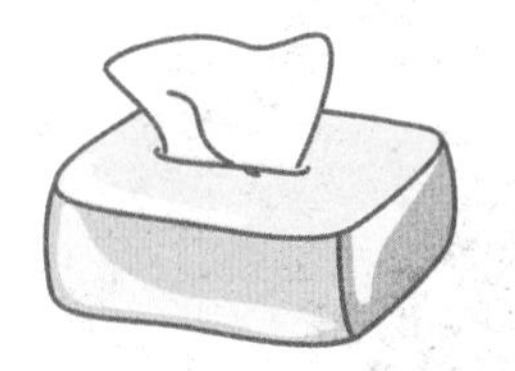
2. 卫生纸

实验步骤

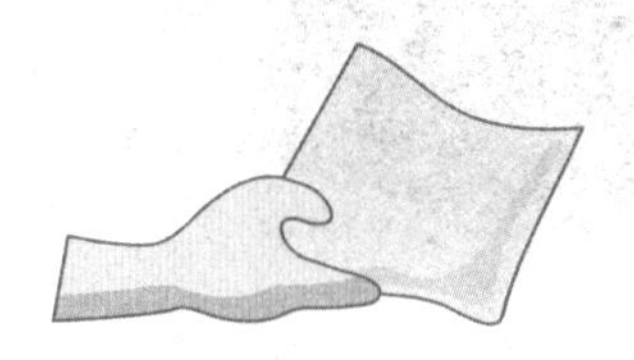

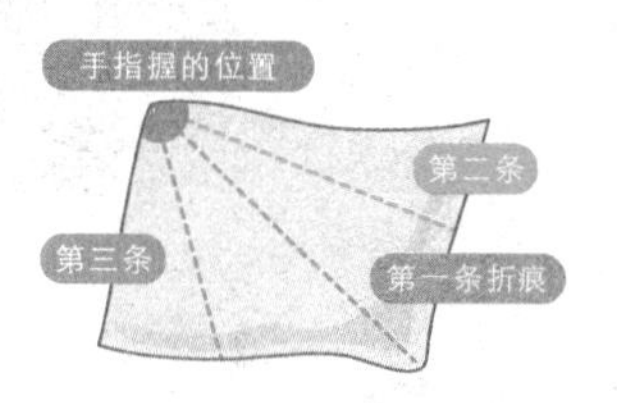

1 用手指夹住报纸的一角，看是否能撑起整张纸。

2 照以上图示，把报纸折好，看报纸是不是能立起来。

3 用卫生纸重复上述步骤，看能不能把卫生纸立起来？

生活小教室

做家具也可以的瓦楞纸

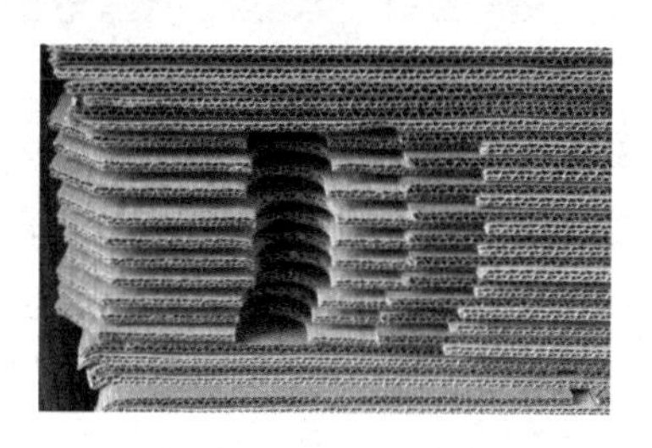

纸张在对折之后，折痕会让纸张的承受力上升，越多的折痕，便可以支撑越重的重量，此外，像瓦楞纸这样的反复结构，可以将力更平均的分散，因此也可以承受更多的重量。

科学好好玩 05 叶脉书签

替叶子剔骨头？！

叶片细胞的细胞膜是由部分脂质所组成，强碱能够和脂质发生化学变化，进而破坏细胞膜，让叶肉可以轻松刷除，留下较硬的叶脉部分。此外，可以挑选桂花叶、菩提树叶等叶脉较粗、较坚硬的叶子，刷叶脉比较不容易断掉。

难易度	★★★★★
家长陪同	■必须 □可自主

实验材料

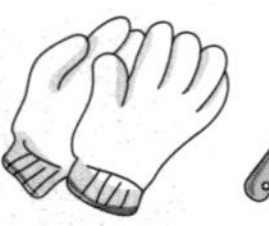

1. 树叶 2. 氢氧化钠 3. 烧杯 4. 酒精灯组 5. 镊子 6. 手套 7. 牙刷 8. 玻璃棒

实验步骤

1 先配置5%的氢氧化钠溶液。

2 将叶子放入氢氧化钠溶液中，加热至沸腾，再煮30分钟。

3 将叶子煮好之后，放在清水中浸泡。

4 戴上手套，用牙刷轻轻将叶肉刷掉，注意不要损伤到叶脉。

5 刷好之后，放置干处，叶脉书签就完成了！

千万要小心！

使用强碱的注意事项

1 氢氧化钠为强碱，使用时要戴手套，避免接触到皮肤。

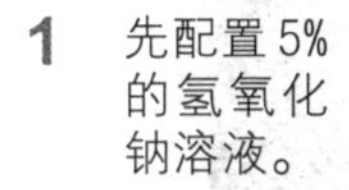

2 氢氧化钠溶液的配置。

取5克氢氧化钠 加水至100℃

3 家里没有氢氧化钠时，可以用肥皂泡水代替。

取15克肥皂 加水至85℃

科学好好玩 06 香蕉刺青

香蕉刺青的秘密

香蕉皮上的细胞内，有一种多酚氧化酶的酵素，细胞被破坏后，和空气中的氧气接触，会开始氧化，使果皮变色。

难易度	★☆☆☆☆
家长陪同	□必须　■可自主

LESSON 2

实验材料

1. 香蕉

2. 铅笔

3. 牙签

实验步骤

1 挑选颜色漂亮的香蕉。

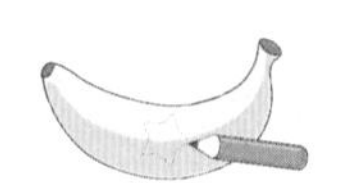

2 先用铅笔在香蕉皮上画草稿。

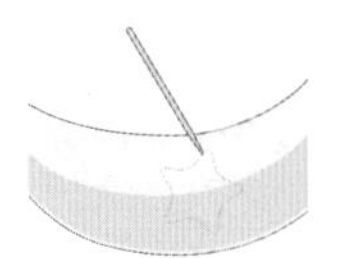

3 沿着铅笔线条用牙签戳香蕉皮。

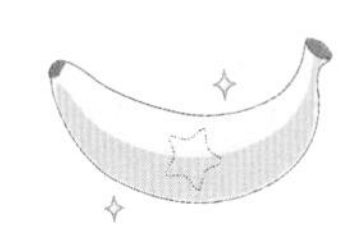

4 等待5至10分钟，图案就会慢慢浮现！

生活小教室

用科学替水果保鲜

❶ 降低水果的呼吸作用：

水果是有生命的，呼吸是为了维持生命，而呼吸越多，水果就越快变质，放入冰箱可以降低呼吸作用。

❷ 降低水果的蒸散作用：

蒸散作用会使水果的水分散失，而变得干巴巴的，所以最好将水果用纸或塑料袋包起来保存。

❸ 避免与会产生乙烯的水果放一起：

苹果和香蕉等部分水果，在成熟过程中会放出乙烯气体，乙烯会加速水果的成熟和老化，在水果包装工厂中，还有特别的乙烯吸收片来吸收乙烯，避免影响到其他水果。

2月

创意玩科学

溶液与气体

初中化学课上，有一个重要的计算就是溶液的浓度计算，课堂上，除了学“酸碱”时会碰到之外，一直到高中许多化学计量的计算，浓度计算都是非常重要的基本功。溶液和气体都是我们生活中非常容易碰到的物质，了解它们的特性，可以让化学知识更贴近生活！

小丽在家政课上，想要调一碗盐水，但搅了半天，盐都没有溶化，她觉得非常奇怪。老师说她的盐水已经达到饱和，没办法再溶解，什么是饱和？难道水也会吃饱吗？

科学好好玩⑦：牛奶彩盘

点一下就散开！生活中经常看到液体表面张力的现象，像是露珠、泡泡等。表面张力究竟是什么？用牛奶、色素和清洁剂，来解开表面张力的秘密吧。

科学好好玩⑧：自制非牛顿流体

非牛顿流体代表具有黏度的流体，在外力的影响下，会变得更黏稠或更稀松。只要有水和玉米粉，在家也能自制非牛顿流体，不只可以翻搅、敲击，甚至可以踩在上面，玩轻功水上漂。

科学好好玩⑨：蜜糖彩虹塔

密度在化学、物理课中是非常重要的一个概念，可以用来判断各种物体的沉浮。蜜糖彩虹塔是用不同浓度的糖水，堆积出渐层的彩色效果，坊间有些彩色饮料，就是利用这种概念调制的。

科学好好玩⑩&⑫：迷你冷冷包&可乐喷泉

二氧化碳是生活中非常常见的气体，而在学习的过程中，二氧化碳也是常出现的反应产物，所以了解和认识二氧化碳是非常重要的一环！

科学好好玩⑪：自制光剑

生活中许多光源都是利用通电后，气体接收能量所发出的光芒。在课程中提到物质的焰色，比如钠燃烧时会放出黄光，其实我们在路边看到黄色的高压钠灯，就是钠的焰色的另一种呈现。

Lesson 3

好硬的水？！深藏不露的溶液特性

溶液是由溶质与溶剂混合而成，溶质是指被溶解的物质，而溶剂是用来溶解溶质的物质，以常见的糖水来说，糖被溶解，因此糖为溶质，而水就是溶解糖的溶剂。在我们的生活中有许多液体，这些液体都有属于自己的特性，饱和度、表面张力、黏滞性等，我们可以利用这些特性，来更加了解溶液。

再也“溶”不下！

溶液依照溶解的程度，可以分为未饱和、饱和以及过饱和三种状态，以100克（100毫升）的水在25℃时，可以溶解约26克的盐来说：

● 未饱和溶液仍然可以继续溶解物质

● 饱和溶液溶解的物质达到最大值，无法再继续溶解。

● 我们可以通过调节温度或水量减少，让饱和溶液形成过饱和溶液，此时溶解在溶液内的物质会超过能够溶解的最大值，而重新析出。

为什么露珠都是圆的？

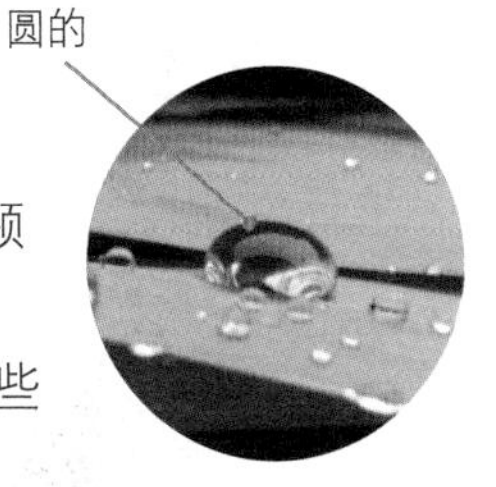

我们清晨在户外散步的时候，会发现路边的小草上，凝结着一颗一颗圆圆的露珠。为什么露珠会是圆形的呢？这是因为“表面张力”的关系！我们日常生活中的液体，都是由许多称为分子的小颗粒凝聚而成的，这些小颗粒互相之间都有吸引力。

1. 在液面的分子

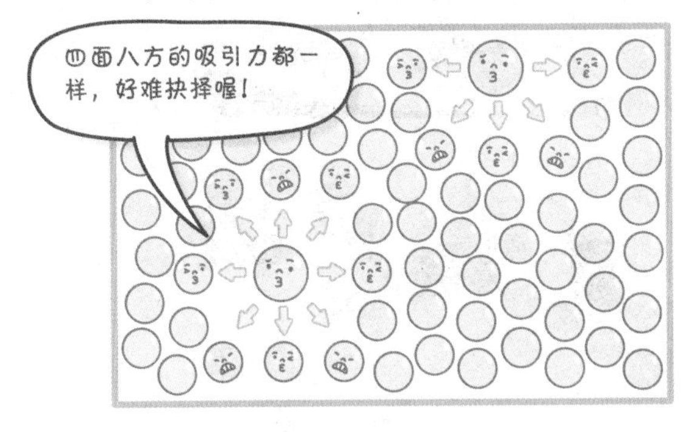

2. 分子很平均地往内部集中

牛顿说：流体有两种，牛顿与非牛顿

科学家牛顿将流体依黏度分为“牛顿流体”和“非牛顿流体”两类。牛顿流体就像水一样，以外力搅动时，黏性不会改变；非牛顿流体以外力搅动时，会变得更黏或不黏，如面线羹、水泥。

某一类的非牛顿流体，当我们对它快速施压时，液体内的分子会因为挤压而排列整齐，形成类似固体的样子；若对液体慢速施力，分子有足够的时间移动而不会排列紧密，并仍然表现出流体的样子。

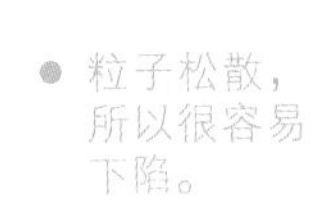

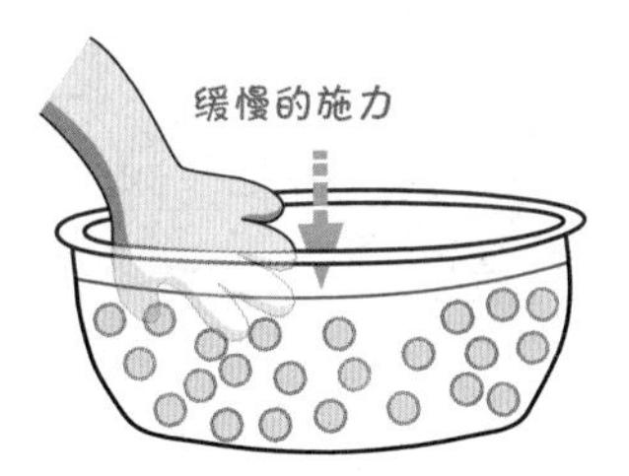

粒子被挤压得很密集，所以变硬。

科学好好玩 07 牛奶彩盘

为什么色素一点就跑？

因为洗发精内含有接口活性剂，会将牛奶的表面张力破坏掉，这时牛奶分子会被往两边拉走，滴在上面的色素也就跟着牛奶一起扩散开来。

● 洗发精会破坏表面张力，将牛奶牵在一起的手分开。

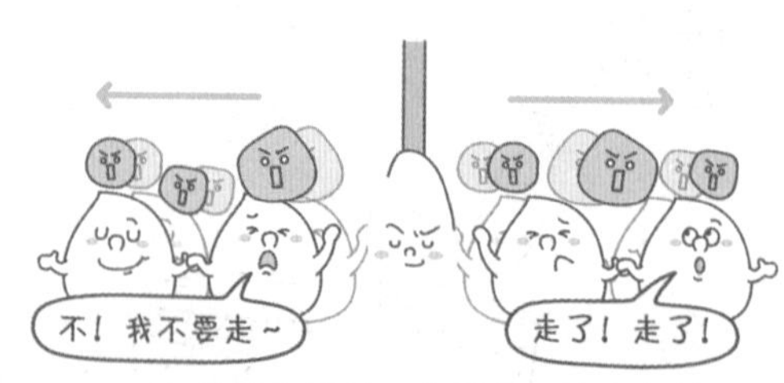

● 手被分开后，会因为旁边牛奶的吸引力，而被往旁边拉走，因此上面的色素会被带着往旁边跑。

难易度	★☆☆☆☆
家长陪同	□必须　■可自主

实验材料

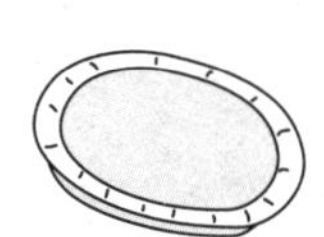

1. 纸盘　2. 牛奶　3. 棉花棒　4. 洗发精　5. 色素

实验步骤

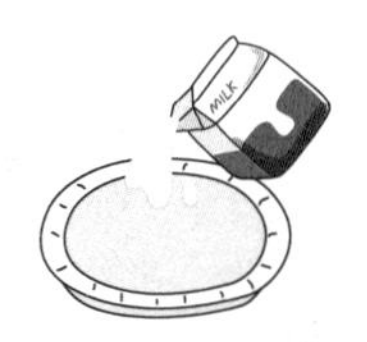

1 将牛奶倒入盘子中。

2 将所有色素分开滴入牛奶里。

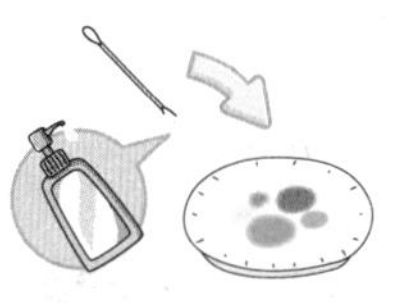

3 将棉花棒沾满洗发精放入牛奶盘。

4 牛奶会因为表面张力被破坏掉而向外流动。

生活小教室

原来这些也和表面张力有关!

吹泡泡

我们在吹肥皂泡泡的时候会发现，它最后也会形成圆形，这其实也是表面张力的关系哟!

© Jeff Kubina

滚动的水银

如果把水银滴在桌上，也会发现它是圆形的喔!

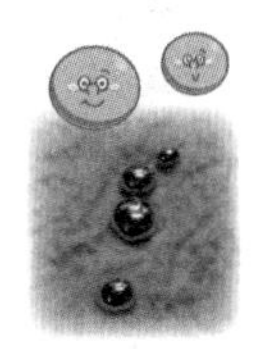

油在水中

当油滴散布在水中时，也是圆形的!

科学好好玩 08 自制非牛顿流体

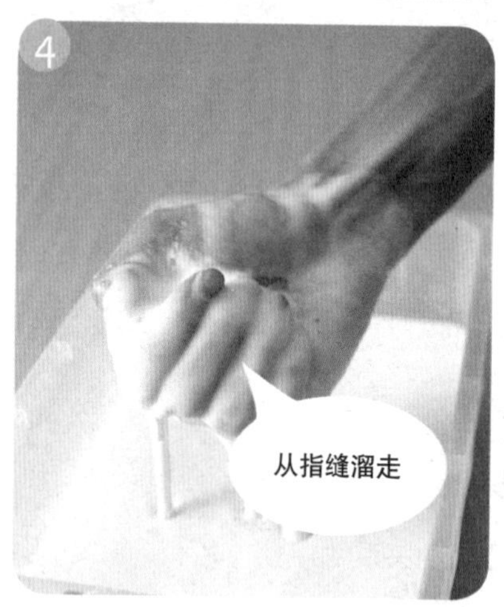

一定要用玉米粉吗?

其实太白粉、树薯粉（菱粉、木薯淀粉）水溶液，在特定的比例下也是属于非牛顿流体的一种，快速敲打溶液时，就会形成如固体般坚固的表面。

难易度	★☆☆☆☆
家长陪同	□必须 ■可自主

实验材料

1. 玉米粉

2. 杯子

3. 脸盆

实验步骤

1 玉米粉：水约以5:2的比例放入脸盆里。

2 搅拌均匀后，用力抓紧玉米粉液体，会发现液体变成坚硬的固体了！

3 慢慢地松手，固体会再度变成糊状液体，从指缝流下。

4 试试看其他的粉，是不是会有一样的效果。

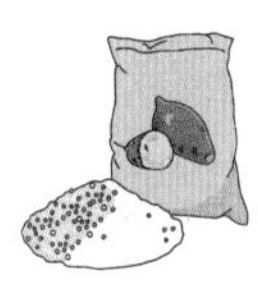

不论软硬都实用！

生活小教室

① 在国外，科学家研究越用力越稠的非牛顿流体原理，来制作防弹衣，抵挡子弹的冲击。

② 煮菜、煮汤常用太白粉加水调成的勾芡水，也是一种越用力越稠的非牛顿流体。

③ 油漆则是越用力越稀的非牛顿流体，必须用刷子才能刷开，不然会一整坨黏在墙壁上。

④ 瓶装的西红柿酱也是越用力越稀的非牛顿流体，用力敲打后，瓶口的西红柿酱会变稀流出。

①

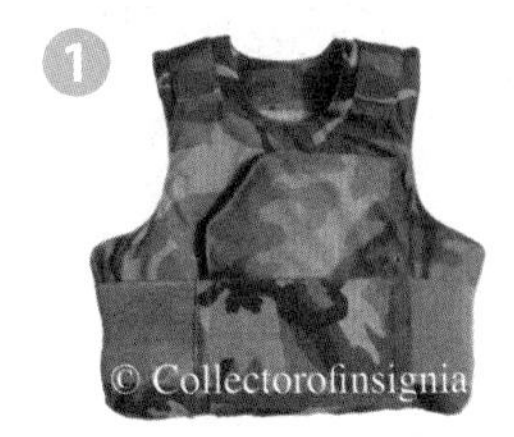

②

③

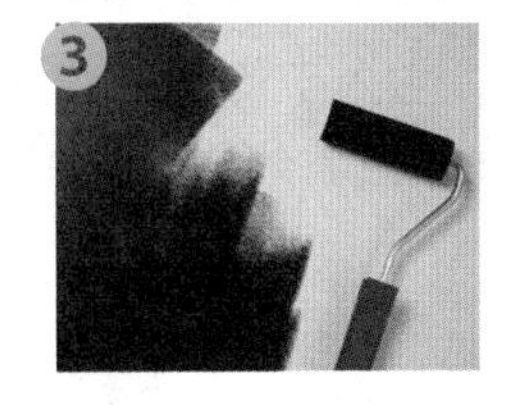

④

科学好好玩 09 蜜糖彩虹塔

为什么颜色不会混在一起，反而层次分明？

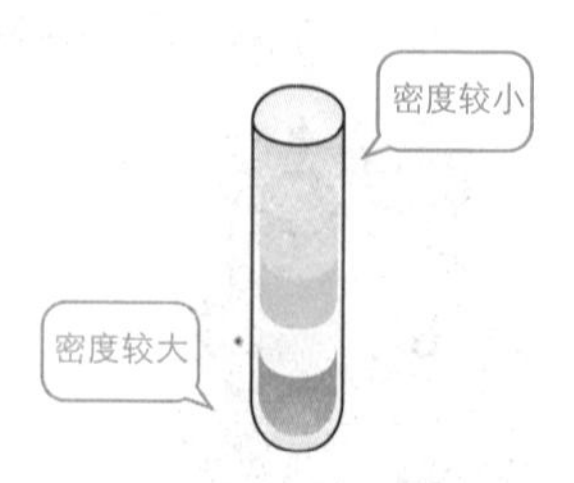

在相同的水量下，加入不等量的糖所调配出的糖水，会因为密度不同，而让糖水出现分层的现象。

难易度	★☆☆☆☆
家长陪同	□必须 ■可自主

实验材料

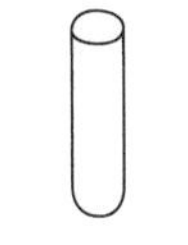

1. 水彩　2. 塑料管　3. 滴管　4. 糖　5. 水　6. 量匙

实验步骤

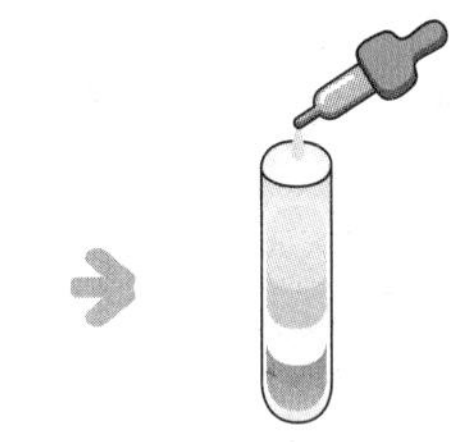

1 准备好五杯等量的水。

2 加入不同分量的糖（0匙、2匙、4匙、6匙、8匙），泡五杯不同浓度的糖水。

3 五杯分别加入不同颜色的水彩。

4 从浓度最高的那杯开始，缓慢地倒入塑料管中。

5 从第二杯开始，用滴管沿着管壁慢慢地滴入。浓度越高、密度就越大，在瓶子中就会向下沉，而密度较小的就会浮在上层。

生活小教室

密度这样也能变?

除了不同浓度的糖水，不同种类的液体，密度也不同，例如：油的密度比水小，所以我们可以在汤或是菜中，观察到上面浮着一层薄薄的油。即使同样的液体，也会在某些情况下产生密度变化。例如：水的密度随着温度热胀冷缩会发生变化，4℃时，水的密度最大，因此会沉在下面，0℃的冰则会浮在上方，使得水下生物可以继续生存，不会结冰。

河水里面：4℃（较温暖）

变温、放电，还会爆发？不可思议的气体大观园

地球上的大气是由许多不同的气体组成的，氮气占最多(78%)，氧气次之（21%），接下来是氩气、二氧化碳以及其他少数气体，这些气体在我们的生活中也有许多用途，方便了我们的生活。

以不变应万变：氮气

氮气是地球大气中最多的气体，无色无味、非常安定，室温下几乎不与其他气体反应。氮气常用来填充在食品包装中，可以隔绝氧气与食品，减缓食物变质的速度。液态的氮气常用来做冷冻剂，温度约 -196℃，在医学上会用来治疗病毒疣；工程上常用来降低温度，引发高温超导体的超导特性。

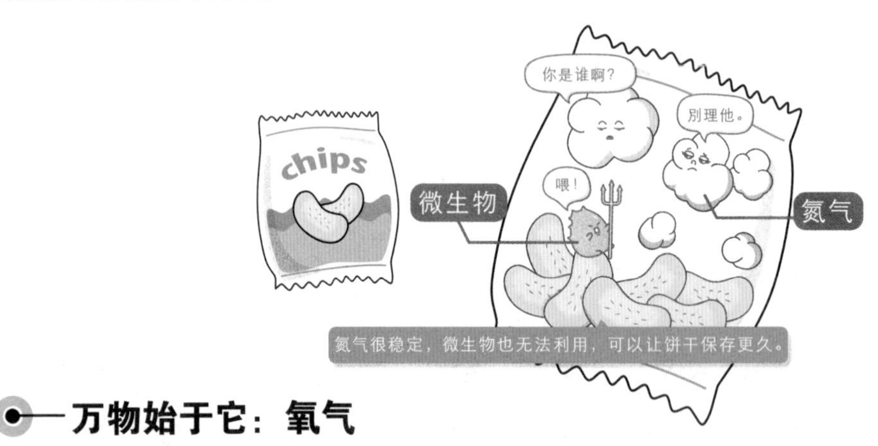

氮气很稳定，微生物也无法利用，可以让饼干保存更久。

万物始于它：氧气

氧气是地球上生物赖以维生的气体，在大气中的含量非常丰富。但在地球诞生时，空气中并没有氧气，大约在 35 亿年前，蓝绿藻开始进行光合作用，制造氧气，而氧气形成了臭氧层，阻挡了紫外线，才让生命离开海洋，开始往陆地发展。

1. 生活中的氧

氧化物： 氧很活泼，容易和许多元素进行反应，形成所谓的氧化物，比如铁锈，就是铁和氧的化合物。因为氧的特殊活性，使得氧容易以氧化物的状态出现在生活中，常见的还有二氧化碳、一氧化氮和氧化铝等许多物质。

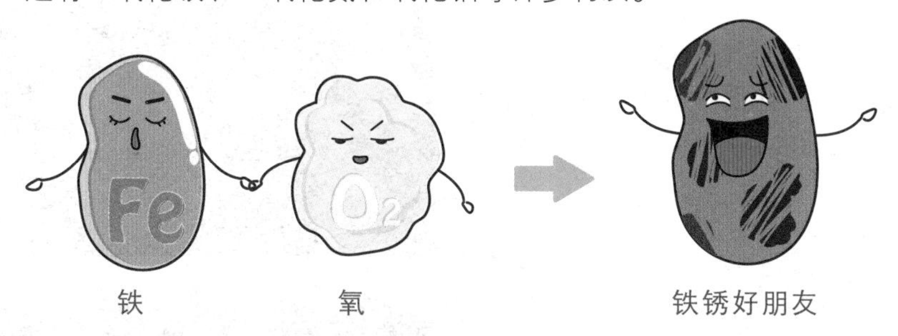

● 铁的活性大，容易跟氧产生反应，成为铁锈好朋友。

分解能量： 许多生物必须靠吸收氧气来运用体内的能量，比如在人体内糖类加上氧分解后，会产生能量来保持体温、进行运动和维持生命等。

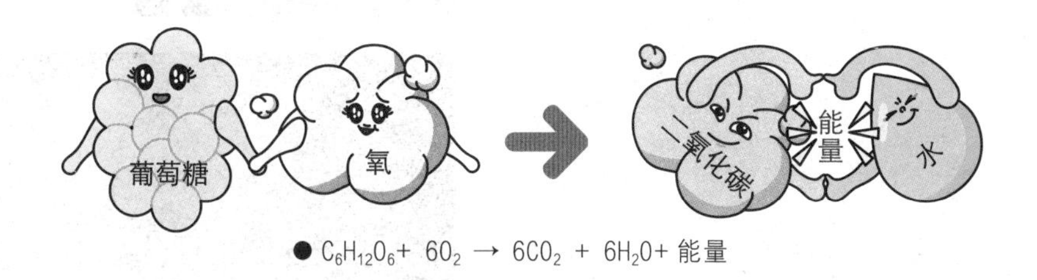

● $C_6H_{12}O_6 + 6O_2 \rightarrow 6CO_2 + 6H_2O +$ 能量

2. 臭氧

臭氧层位于大气层中的平流层，是用来吸收高能量的紫外线，保护地球上的生命，早前因氟氯碳化物的使用，使南极上空的臭氧层变薄，造成紫外线过量，形成伤害，经由各个国家一起开会禁止氟氯碳化物的使用，才逐渐缓和了臭氧空洞。

温暖的来源：二氧化碳

二氧化碳是生活中经常接触到的气体，我们的呼吸就可以产生二氧化碳。

1. 食物中的二氧化碳

在面包和汽水制作中都有使用二氧化碳的情况，由发酵粉放出的二氧化碳可以让面包口感更蓬松；汽水中的二氧化碳则是让汽水喝起来有凉爽感的原因之一！

2. 呼吸

我们吸入的氧气，会在细胞内反应后，产生二氧化碳，再排出体外，这是碳循环中的重要一环。

3. 温室效应

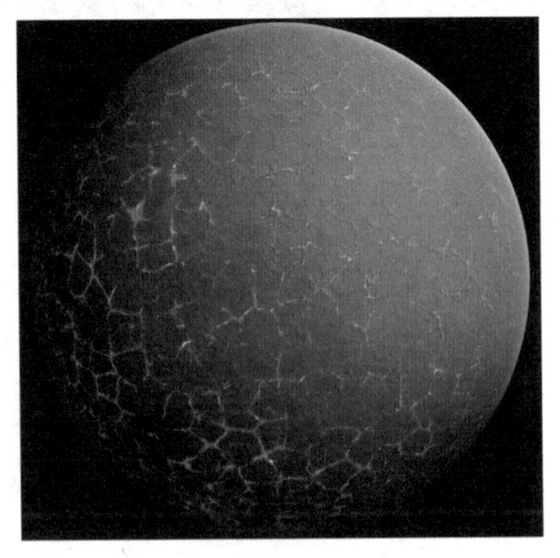

温室效应是一种正常现象，因为温室效应，地球才可以维持在适合的温度，让人类生活，但随着科技发达，二氧化碳等温室气体变多，使得温室效应加剧，导致温度上升。太阳系中的金星表面温度高达 400℃以上，其中大气里二氧化碳占了 95% 是一个很重要的原因。

顾名思义，很少有反应的惰性气体

1. 氦气

氦气在生活中比较常看到的是用来填充气球，但其实在医疗以及研究上也有非常大的用途，液态氦的温度可以达到 -269℃，已经接近物理上的理论最低温，当初第一个超导体，就是因为液态氦的低温而发现的！

2. 氩气

氩气是空气中含量第三高的气体，无色无味，几乎不与其他物质反应，因此常用来保护一些容易氧化变质的物体，比如博物馆中，一些收藏重要古物文件的保护柜里，就会添加氩气，避免文物暴露在空气中而氧化。半导体工业中，对硅和锗的晶体纯度要求都非常高，在制备时，就会以氩气隔绝空气，借此提高纯度。

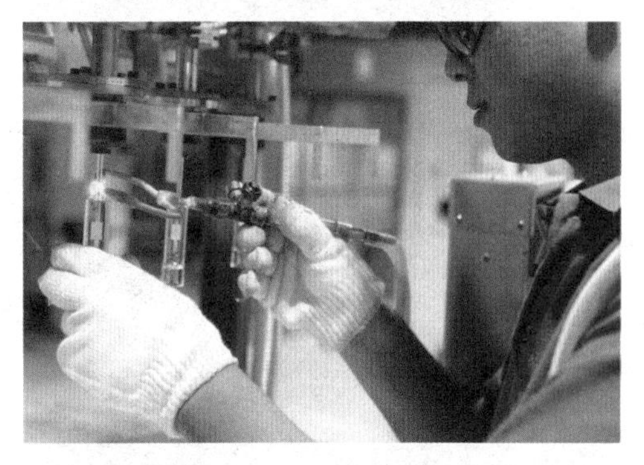

3. 氖气

氖气常填装在霓虹灯灯管中，通电后就会产生红光，非常醒目。

科学好好玩 10 迷你冷冷包

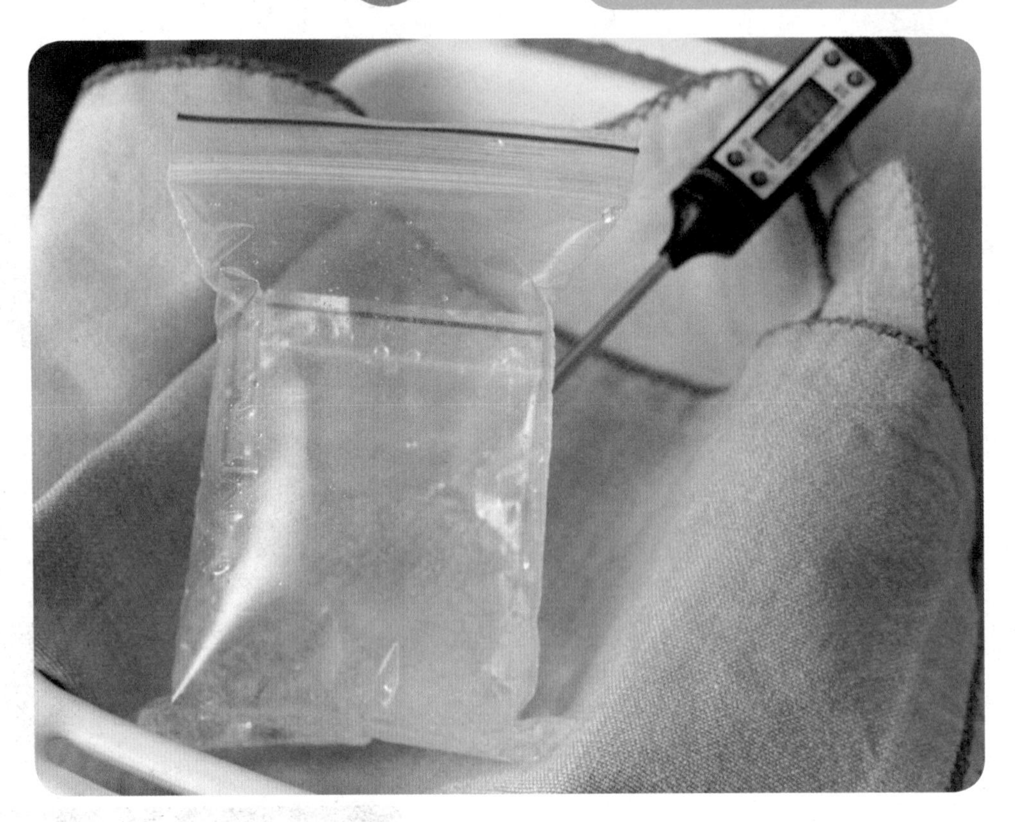

为什么不用放冰箱也会变冷？

小苏打和柠檬酸是生活中常使用到的药剂，在食品烹饪时，小苏打可以当作发酵粉，柠檬酸更是许多饮料的酸性调味剂。小苏打碰到柠檬酸时，会产生二氧化碳，使袋子膨胀。此外，因为两种物质之间，必须吸收热量来将粒子分开，溶入水中，所以才会有冰冷的效果喔！

难易度	★☆☆☆☆
家长陪同	■必须 □可自主

实验材料

1. 大夹链袋 2. 小夹链袋 3. 小汤匙 4. 小苏打 5. 柠檬酸

实验步骤

1 在小夹链袋中装入一匙柠檬酸。

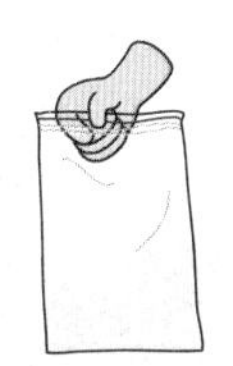

2 将小夹链袋压破，使中间的柠檬酸水溶液流出。

3 在大夹链袋中装入两匙小苏打。

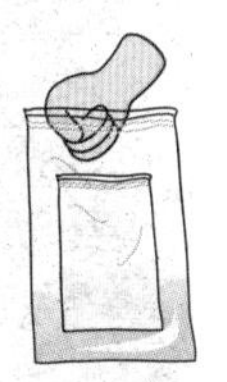

4 在大夹链袋中加入一些水，并把小夹链袋放入后封紧。

5 在小夹链袋中加入一些水并封紧。

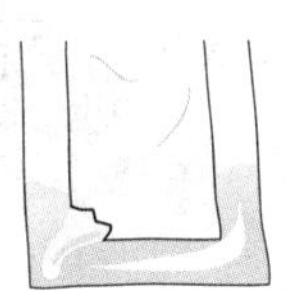

6 观察柠檬酸水溶液和小苏打接触之后的反应。

生活小教室

组合相同，用途大不同！

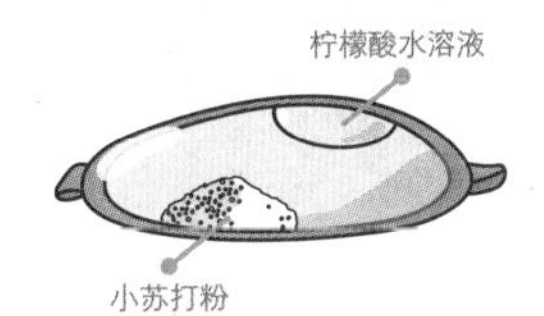

市面上按了会爆炸的地雷包，就是用小苏打和柠檬酸造成的效果。

小苏打和柠檬酸是制作清洁剂、泡澡球的材料。

发泡锭中含有小苏打和柠檬酸，丢入水中后，两种物质溶于水，便会反应产生二氧化碳。

科学好好玩 11 自制光剑

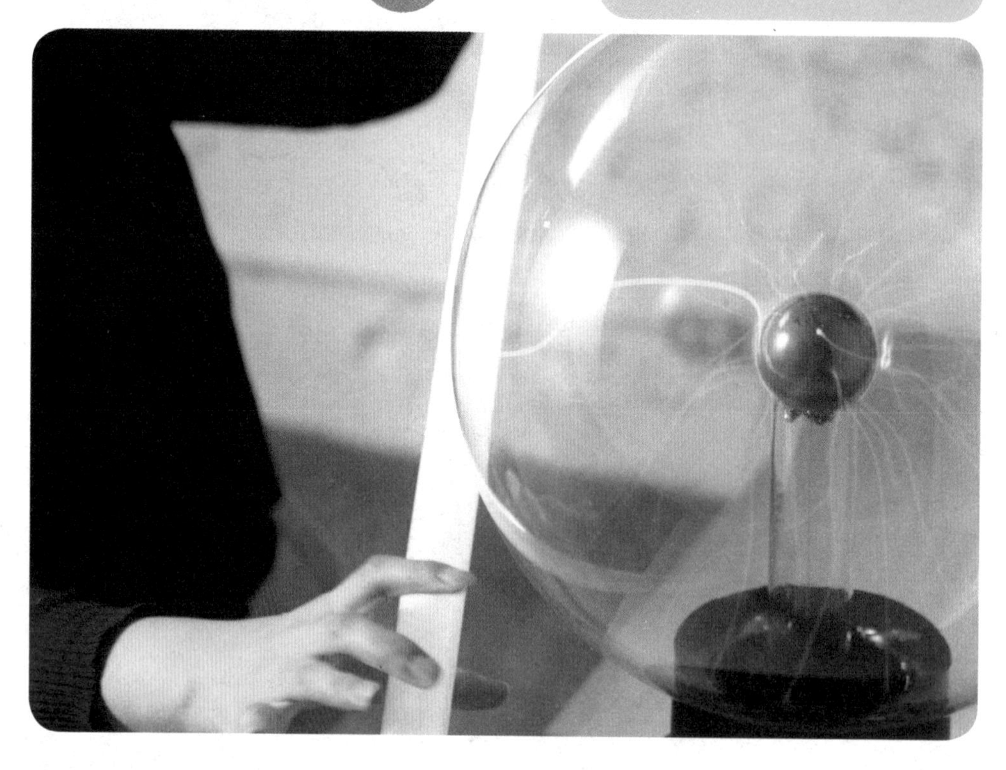

为什么日光灯没插电也能亮？

电浆球内有一个回扫变压器，可以将电压提高到3万伏特以上，这样的高压会使得玻璃球内的惰性气体氦、氖、氪、氙（不同气体，颜色会有所不同）的电子发生跃迁，电子回复原来状态的过程中，便会释放出光芒。而手贴上去时，因为人是导体，所以里面的电便会往比较好通电的人体传递过来，就像有一条电通到我们手上一样。日光灯内有填充汞蒸气，当汞蒸气受到电浆球的高压，汞的电子便会跃迁，放出紫外光，灯管内的荧光物质吸收紫外光后，进而发出白光。

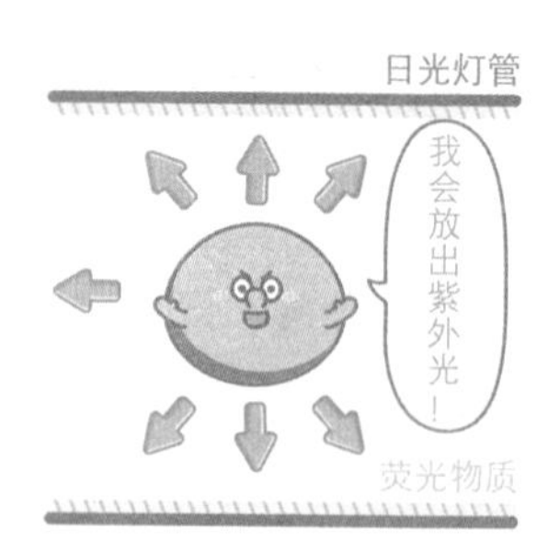

难易度	★☆☆☆☆
家长陪同	□必须 ■可自主

实验材料

1. 坏掉的日光灯管

2. 电浆球

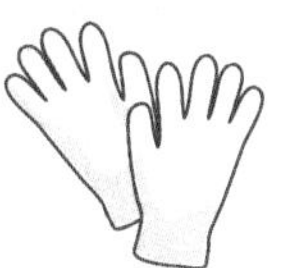
3. 手套

实验步骤

1 将电浆球插上电后，用手触摸电浆，观察电浆球的变化。

2 戴上手套。

3 拿废弃日光灯管，靠近电浆球，观察日光灯管的变化。

4 移动日光灯管，改变灯管与电浆球的距离，观察灯管的变化。

还有哪些气体会发亮？

生活小教室

● 气体灯

在生活中，有许多的光源都是利用高电压来供给灯泡内的气体能量，借此放出光芒，除了常见的霓虹灯之外， 还有水银灯、金属卤化灯、低压钠灯、高压钠灯等，这些气体灯比传统钨丝灯泡亮度都还要高，在许多需要大型照明的地方，例如：机场、仓库、运动场等，都会使用这类灯泡。

● 极光

太阳所发出的太阳风抵达地球时，其中的电子会因为地球磁场而向两极移动，电子在两极和氮与氧碰撞时，会使得氮和氧的电子跃迁，而发出极光，颜色会视碰撞的电子能量来决定。氧的极光颜色是绿色、褐红色；氮的极光颜色则是蓝色、紫色或红色。

科学好好玩 12 可乐喷泉

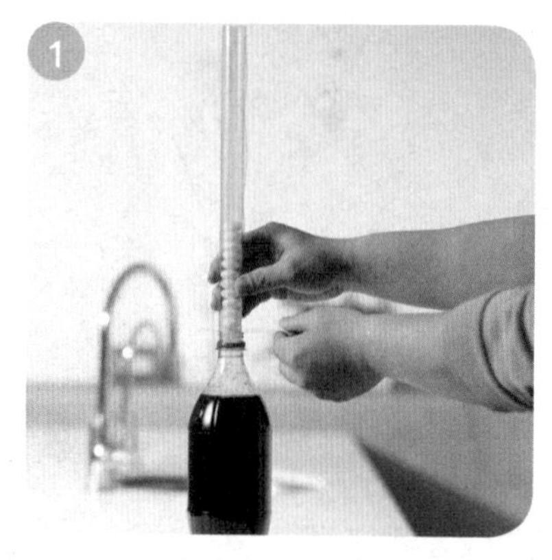

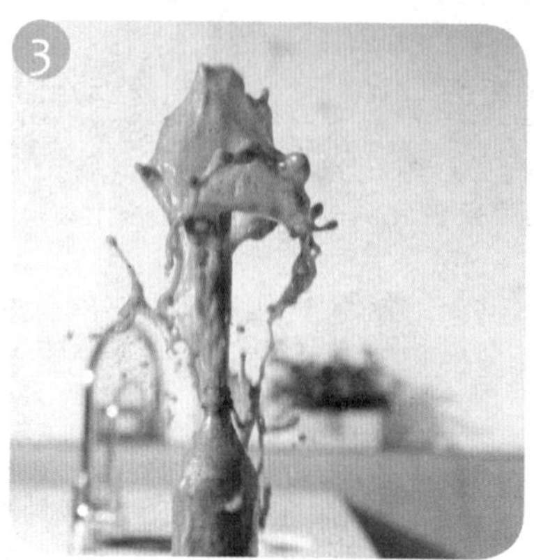

可乐做的喷泉

可乐里有许多用高压压进去的二氧化碳，这种状态的二氧化碳并不稳定，会想释放回空气中，当二氧化碳要回到空气中时，如果加入核种来帮助它，可以加快二氧化碳的释放，这种现象就叫成核效应。核种可以是凹凸不平的表面或是二氧化碳本身这种小粒子，成核现象常发生在固、液或气三态转变的时候。

快黏上去!

曼妥思糖上有好多小孔~

难易度	★★☆☆☆
家长陪同	□必须　■可自主

实验材料

1. 可乐

2. 曼妥思糖

3. 白纸

实验步骤

1 将可乐瓶打开。

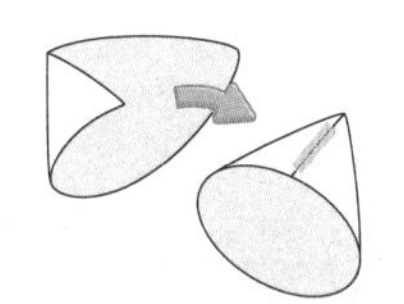

2 将白纸卷成锥状。

3 把锥状白纸放在可乐瓶口，再放入曼妥思糖。

4 记录可乐喷发的高度。

生活小教室

常见的成核现象

❶ 云、雨和雾的产生都与成核现象有关。

❷ 烟囱上的黑烟、柴油车排出的黑烟等是因为燃烧导致的微粒聚核所产生。

❸ 糖盐等结晶，在结晶的过程中，可以利用成核现象来控制结晶的大小。

❹ 人造雨可以利用喷洒碘化银等微粒当作核种，来加速云中的水气凝结成水。

3 月

创意玩科学

声与光

声音和光在许多地方都非常的相似，有许多“声音”的现象性质，都可以在观察“光”时发现，因为光和声音都拥有波的行为，所以这两个单元得一起融会贯通，才会学习得更顺利！

电话响了，美美接起电话，听到声音她便知道是爸爸打来的，挂掉电话之后，她突然想到，为什么每个人的声音都不一样呢？

科学好好玩⑬：动感声波

因为空气分子是看不到的，所以我们很难看到声音波动的样子，但只要利用透明塑料管和非常轻的泡沫塑料球，就可以实验出波的形状。

科学好好玩⑭：大声加油

发出声音的方法有许多种，但最主要是让物体产生震动，利用随手可得的“小”东西组装，来发出超大的声音吧！

科学好好玩⑮：自制黑胶唱片机

黑胶唱片是过去储存音乐最主要的工具，但如今已经很难听到黑胶唱片了。在这个实验中，我们用一张纸和一根针的组合，就可以重现黑胶唱片悦耳的声音。

科学好好玩⑯：针孔相机

你知道最初的相机只是用一个小洞，就可以呈现想要的图像吗？在这个实验中，我们要自己动手做简单的相机，体会以前宫廷画师，帮国王画像时，所看到的影像。

科学好好玩⑰：自制显微镜

光学显微镜是透过显透镜来放大肉眼难以观察的物质，这样精密的仪器，没想到在家也可以做，只要用两张卡纸和小玻璃珠就行了。

科学好好玩⑱：浮空投影

3D看起来非常酷炫，制作也没有想象中那么困难，只要用塑料片和手机，就能自制立体投影。

Lesson 5 有气才大声！听得到声音的秘密

无论是说话的声音、鸟叫声、钢琴声、敲门声、电铃声、喇叭声等，声音的产生都是来自物体的震动。大家可以试试看以下方式感受声音的震动：

● 说话时轻摸喉咙。

● 敲击装水的玻璃杯。

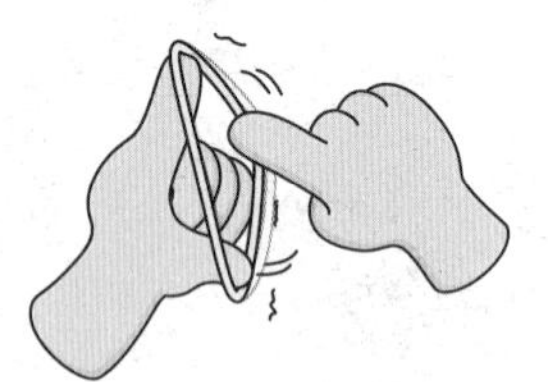

● 拨动橡皮筋。

为什么太空中没有声音？

声音必须通过介质来传递，在 17 世纪时，科学家波义耳做了一个实验，他将闹钟放在一个密闭容器中，再将容器内抽成真空，便发现闹铃的声音越来越小，直到最后声音几乎完全消失。它证实了声音必须通过介质来传递。

波义耳的实验

❶ 他将闹铃放在玻璃罩内响起。

❷ 慢慢地抽掉玻璃罩内的空气，声音慢慢减小。

❸ 空气抽完后便发现声音消失了。

一般来说，声音是通过介质的粒子来传递，因此越密的物质，传递声音的效果越好，通常固体传递声音的速度会大于液体，液体又大于气体；另外，温度越高，传递声音的速度也越快。

声音长什么样子?

声音通过空气传递时，物体的振动会带动空气反复振动，使空气产生一个疏密的波形，我们称为声波，声波和波动一样，拥有振幅、频率和波长等性质，来表达声音的特性。

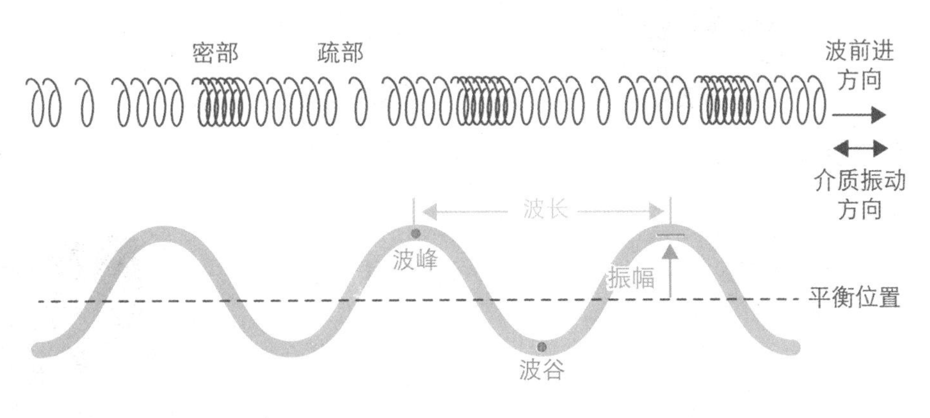

- **波峰：** 波的最高点
- **波谷：** 波的最低点
- **振幅：** 平衡位置到波峰或波谷的距离
- **波长：** 波峰到波峰或波谷到波谷的距离

是谁在说话?

我们描述一个声音，通常以声音大小、音调的高低以及声音音色来分辨，而决定这三种声音要素的就是波的振幅、频率以及波形。

声音的大小（响度）

声音的大小是通过声波的振幅来决定的，振幅越大代表声音的响度越大，听到的声音也就越大声，我们通常会用响度来描述声音的大小，单位为分贝（dB），分贝数越大声音越大，每增加10分贝响度就增加10倍，所以50分贝声音的强度是40分贝声音的10倍，60分贝是40分贝的100倍。

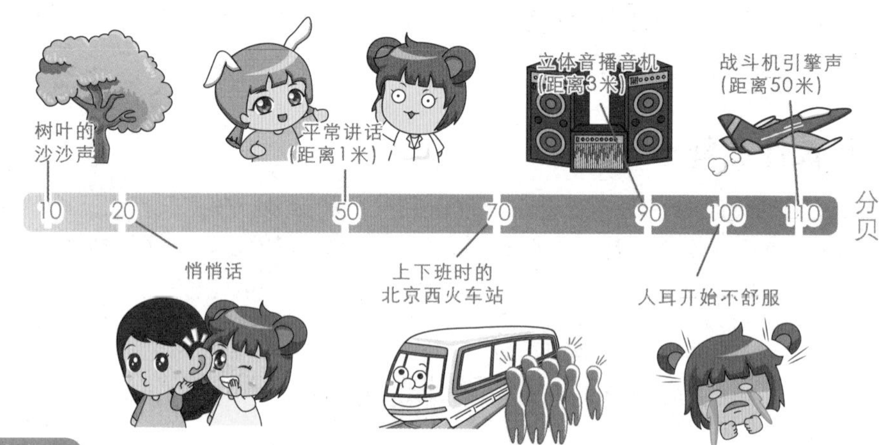

音调的高低

音调的高低决定于声音的频率，通常也就是发出声音的物体所振动的频率，如果一秒钟振动的次数越高，则声音的频率也就越高，音调就高。一般来说，物体越短、细、薄、绷紧，音调就会越高；反之，长、粗、厚、松弛音调就越低。我们一般成人能听到的音调约20-20000赫兹之间，但随着年纪的变化，会有所不同。而超过20000赫兹的声波称为超声波，是我们人耳听不见的范围，常用来做医疗上的检查或声纳。

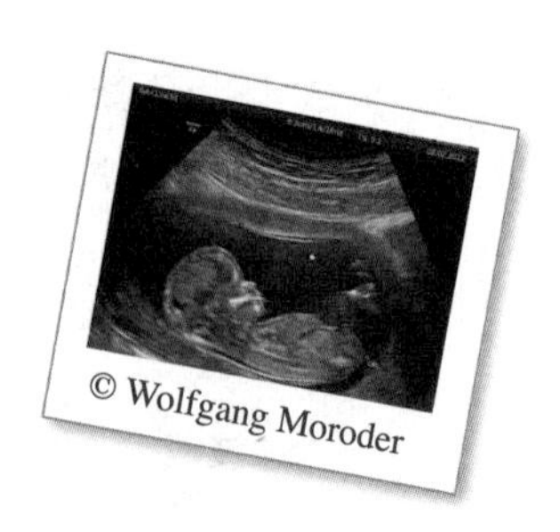
© Wolfgang Moroder

声音的音色

我们如何从电话中，分辨出打电话来的人是谁呢？又或者是在一场演奏会中，我们是怎么分辨出各种乐器的声音呢？这都是依靠声音的音色来做区分，不同物体发出的声波波形都不一样，因此我们可以通过不同的音色来分辨声音。

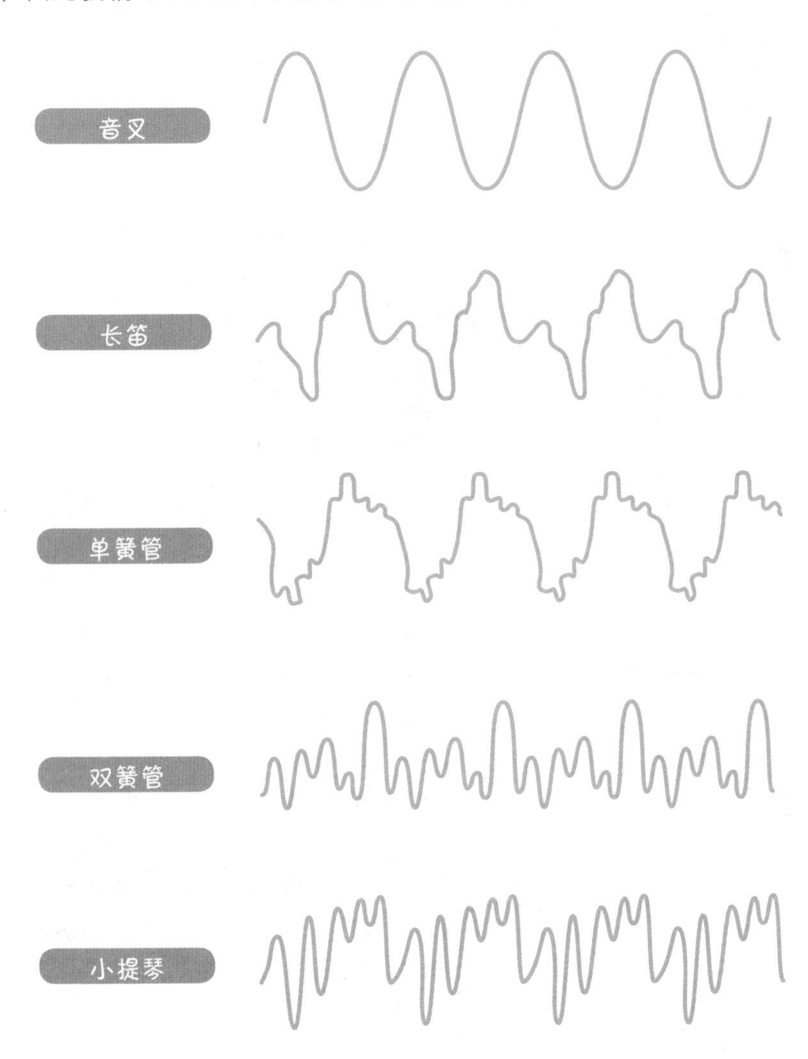

科学好好玩 13 动感声波

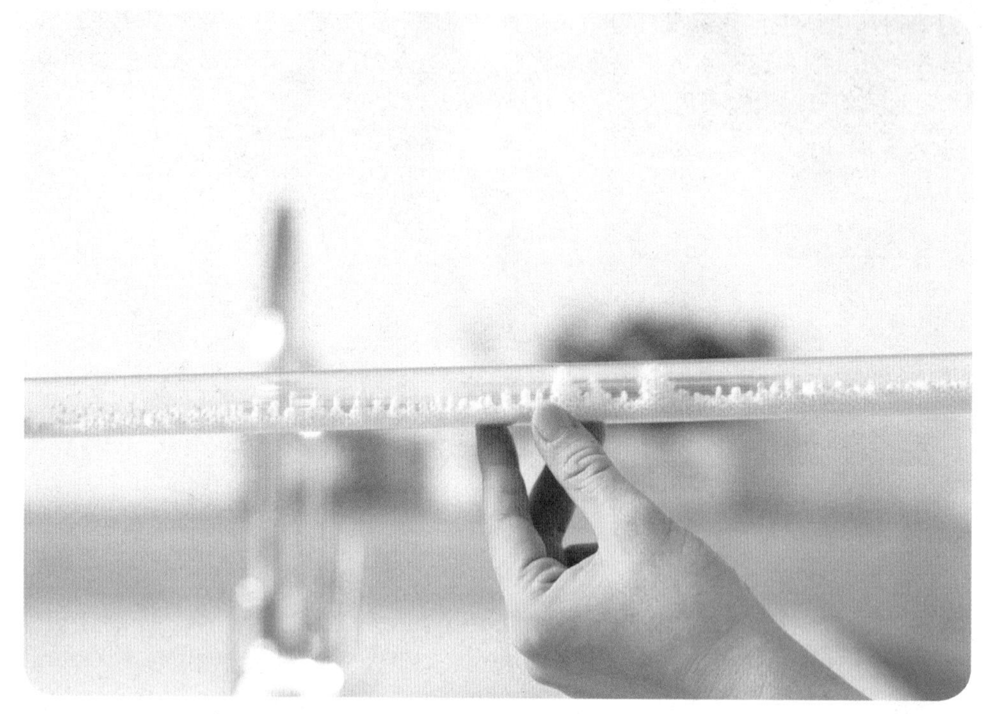

用声波推动泡沫塑料球！

两个相同频率、相同振幅，但反方向行进的波，会形成驻波，塑料管能够进行这项试验，又因为泡沫塑料球非常轻，因此会被声音驻波的振动给带起，排列出波的形状。

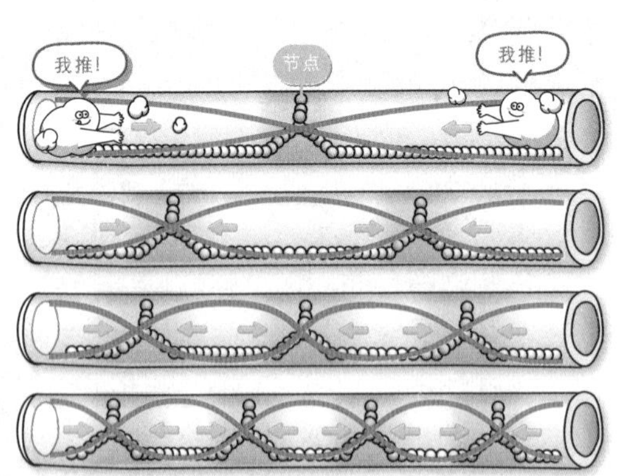

形成驻波时，泡沫塑料球被推挤成波形，被推上来处称为节点，此处的空气会静止不动。

难易度	★★☆☆☆
家长陪同	□必须 ■可自主

实验材料

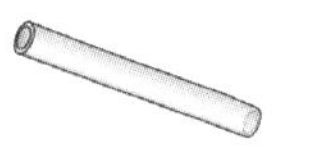

1. 硬币 2. 卫生纸 3. 橡皮筋 4. 塑料管 5. 泡沫塑料球 6. 胶带

实验步骤

1 取一个塑料管，把塑料管其中一端以硬币用胶带封住。

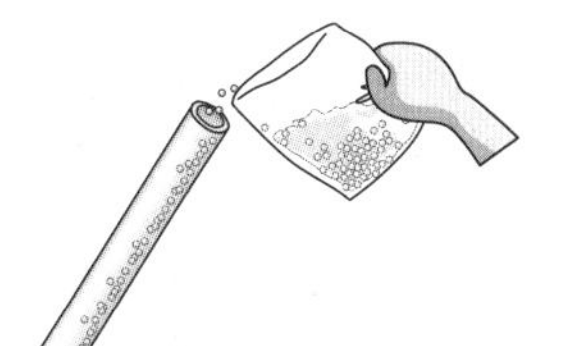

2 将小泡沫塑料球（直径约0.2厘米以下）倒入塑料管中。

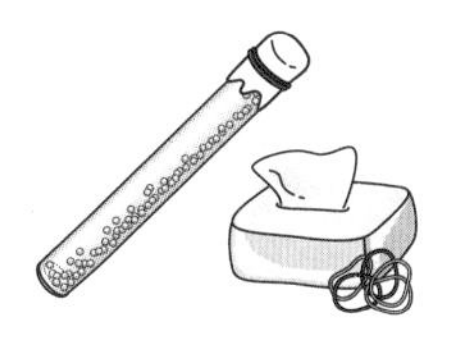

3 塑料管另一端用卫生纸包住，再用橡皮筋绑起来。

4 双手握住包卫生纸的一边，对着塑料管发出声音。发出声音后，观察小泡沫塑料球，小球会随着声音振动成为一片一片的波浪状，还会前后移动。

保证没有吊钢丝！声波悬浮术

生活小教室

现在有声波让物体悬空的技术，因为声波形成驻波时，驻波的节点空气会静止不动，所以若是能把物体放在声波驻波的节点中，就有机会让物体抵消其重力而悬浮，这称为“声波悬浮”技术，这是在20世纪80年代由美国国家航空航天局（NASA）所发明的。

科学好好玩 14 大声加油

原来跟吹笛子的原理相同?

像笛子这类吹奏的乐器，大多是通过振动乐器管内的空气来发出声音，不同的指法，让振动的空气长短不同，因此就有不同的音调。

难易度	★★☆☆☆
家长陪同	□必须 ■可自主

实验材料

1. 钻子

2. 剪刀

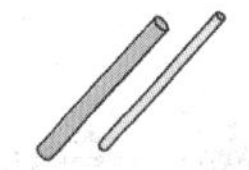
3. 吸管（粗、细各一根）

4. 养乐多瓶

5. 气球

实验步骤

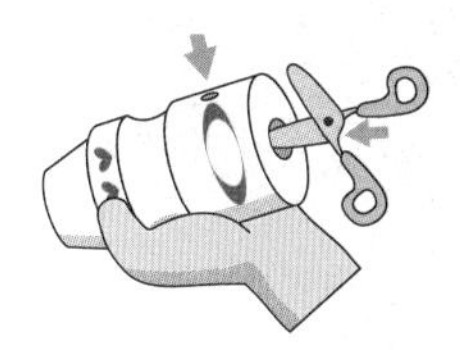

1 用剪刀或钻子在养乐多瓶底部与瓶身钻洞。

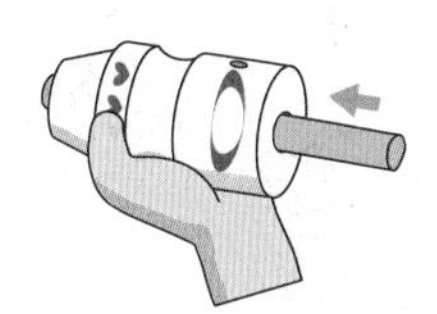

2 将粗吸管塞到瓶底的洞里，并推至底部。

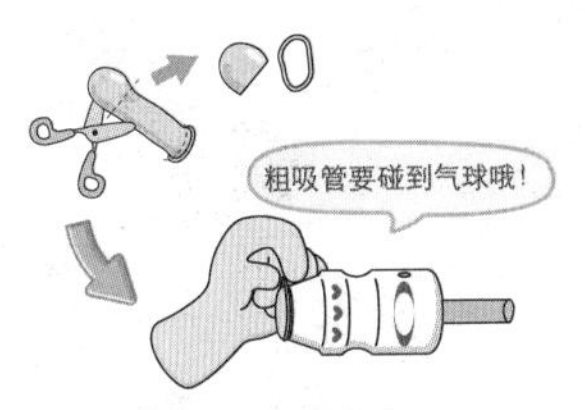

3 将气球前端与后段剪下，用前端把养乐多瓶口包住，再用后段绑住。

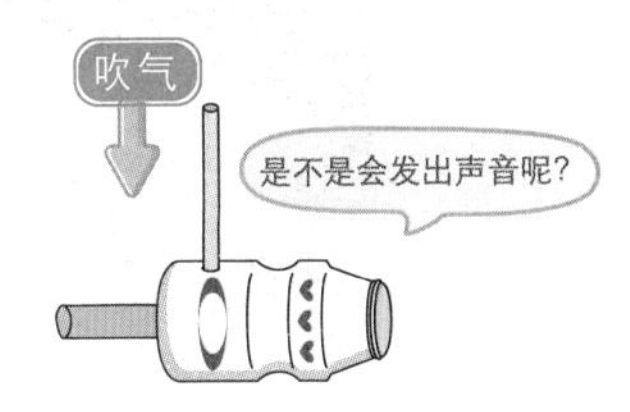

4 将细吸管插入养乐多瓶身的洞里，向细吸管吹气。如果吸管与养乐多罐间有缝隙，拿黏土密封住即可。

破解！小瓶子大声音的真相

生活小教室

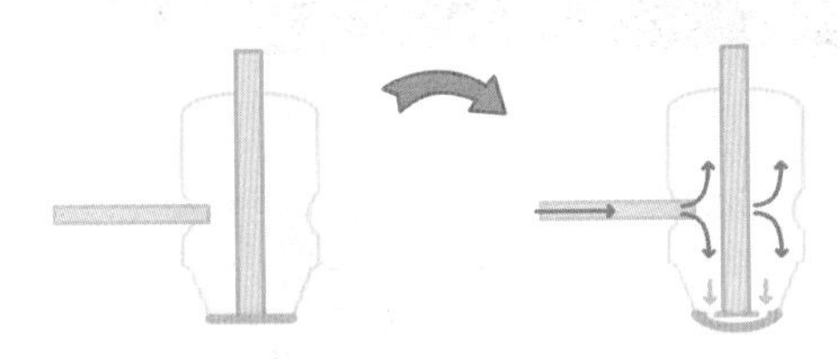

❶一开始大吸管顶住气球皮。

❷吹气进去时，会把有弹性的气球皮推开。

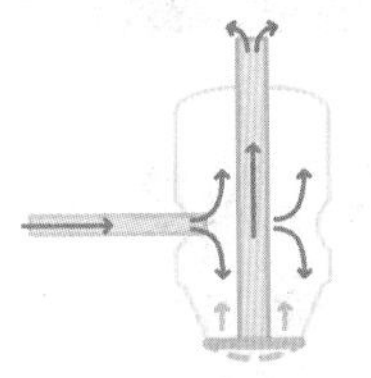

❸气球皮跟大吸管之间产生空隙，气体流进大吸管跑出去。

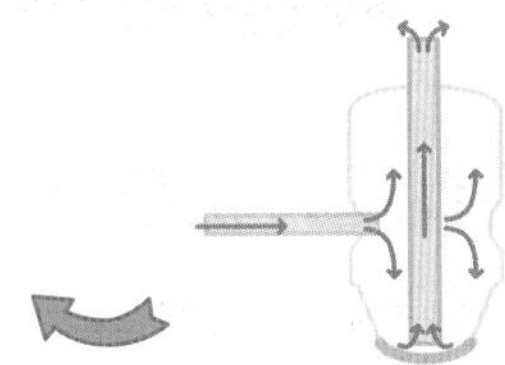

❹里面的压力变小，气球皮回到原本的位置。如此一直反复，气球皮就会一直振动发出声音。

科学好好玩 15 自制黑胶唱片机

自制唱片机居然这么简单?

声音是一种振动，黑胶唱片就是将声音的振动，用凹槽记录下来，这些凹槽随着唱片转动，经过唱针时，会让唱针振动，再通过喇叭放大声音，就可以听到唱片中记录的音乐了。

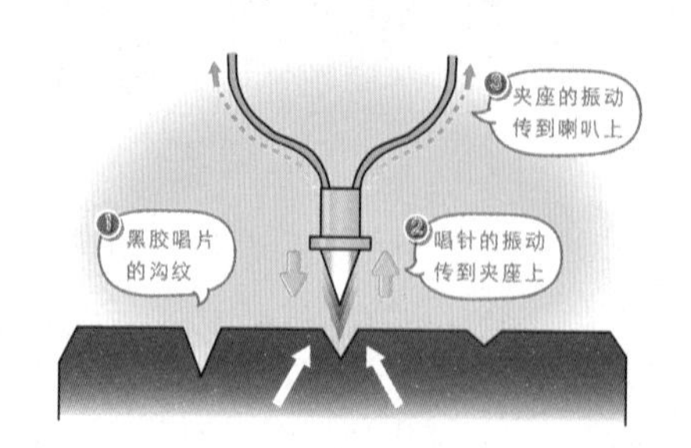

难易度	★★★☆☆
家长陪同	■必须　□可自主

实验材料

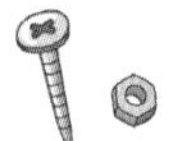

1. 针　2. 纸　3. 黑胶唱片　4. 光盘片　5. 亚克力板　6. 温度计　7. 螺丝及螺帽

实验步骤

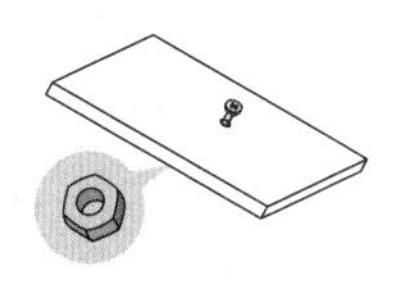

1 将螺丝穿过亚克力板，背面用螺帽锁住。

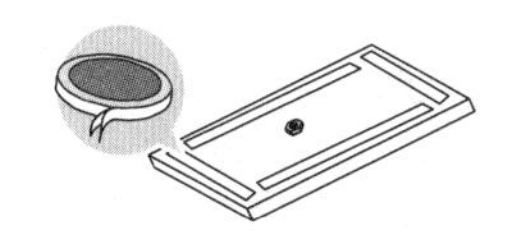

2 背面黏双面胶，将亚克力板固定在桌面。

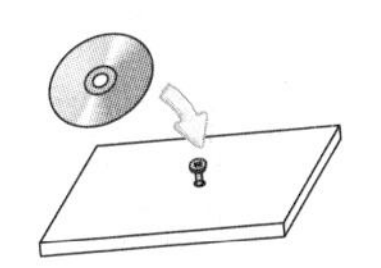

3 光盘片穿过螺丝。

4 放上黑胶唱片。

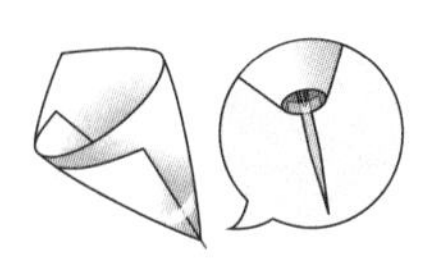

5 将针黏在纸的边边，露出针头并把纸卷成喇叭状。

6 把针斜放在唱片上，另一只手旋转唱片，听听看有没有音乐产生呢?

日新月异的留声技术

生活小教室

● 卡式录音带

© 吉恩

1966年，卡式录音带发行，变成了黑胶唱片的对手。卡式录音是将声音储存在磁性胶片带中，后来随着卡带随身听出现，便慢慢取代了黑胶唱片。

● CD片

© Arun Kulshreshtha

CD片上也有许多凹槽，但CD是用光去读取，因为光可以准确地读取数据，所以凹槽能够做的很小，让一张光盘片就可以储存非常多的数据，从此黑胶唱片及卡式录音带就渐渐地被取代了。

Lesson 6

它决定我们看见什么！光的魔法

在我们日常生活中，通过看见光源或是反射的光线，我们才能看到物体，而光线在前进的过程中，依靠着光的特性，所以产生了影子、反射、折射等现象。

直直往前走！不会转弯的光

光在前进的过程中，如果没有遇到任何的阻碍物，就会朝同一方向持续前进，但如果光线被物体挡住，影子便会出现。

●白天在马路上产生的影子，就是太阳光被挡住所产生的。

没有光线反射就看不见？

物体在反射光源的光线后，进到我们眼睛，我们就可以看见东西。此外，镜子、湖面和汤匙等表面光滑、反射率高的物质，更能将画面反射，让我们看到成像和倒影，光线在反射时，必须遵守反射定律。

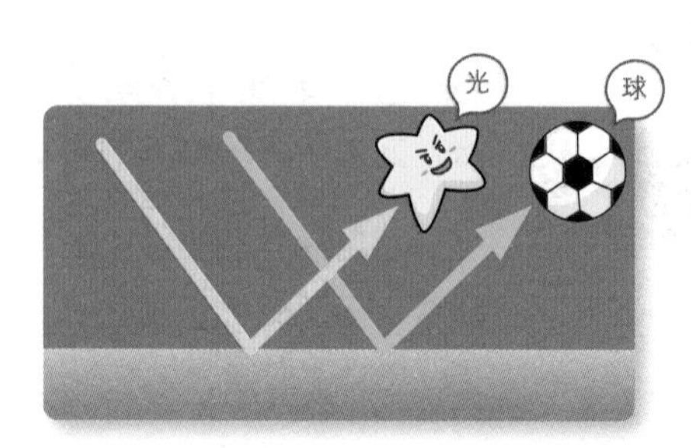

当光线照射的地点为凹凸不平的表面时，会造成光线朝向各个方向反射的现象，这个现象称为“漫反射”或“漫射”。上课时，全班都可以看到黑板，也是漫反射的功劳喔！所以如果教室的黑板使用过久，造成表面太过光滑，就会造成教室里面某些同学看不见黑板！

让吸管在水里扭曲的魔法

光线在穿透不同的介质时，会因为光在这些介质中传递的速度不同，而产生折射的现象，使得光前进的路线发生改变，比如我们在水杯中插入吸管，会发现吸管好像变得歪歪的，好像断掉一样，这就是因为光的折射现象所造成的。

●光在不同介质中传递的速度皆不同。当光从空气中射入到水中时，光会朝水面偏折，吸管看起来就歪了。

LESSON 6

光不是透明的吗？

在生活中，有时可以发现透过水或是泡泡太阳光会变成许多种颜色，这是因为太阳光大致上是由红、橙、黄、绿、青、蓝、紫等 7 种颜色所组成，在 17 世纪时，科学家就利用三棱镜将太阳光分开，证实了光的组成。

白光可以用红、绿、蓝三种光源叠加出来，而这三种光也可以调整比例，搭配最多种的颜色，且这三种光也无法用其他的光源来合成，因此红、绿、蓝三种光被称为光的三原色。

● 三棱镜色散

● 泡泡

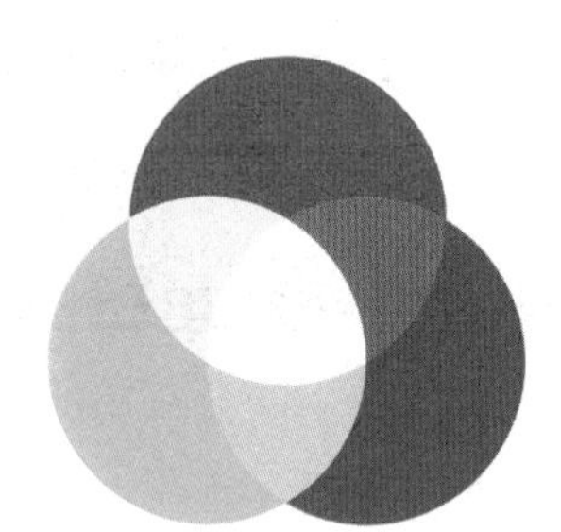

● 光的三原色

什么颜色都是光说了算？

物体的颜色是由反射出来的光线所决定的，比如白色的纸会反射所有颜色的光，因此在日光灯下呈现白色，但如果用红光照射就会呈现红色；黄色的物体在日光灯下，只会反射黄光，将其他颜色吸收，所以只能看见黄光！

●红纸只能将红光反射；白纸能将光全部反射；黑纸会将光线全部吸收，所以呈现黑色。

科学好好玩 16 针孔相机

相机原来是这么一回事

物体经光线照射后，会反射出许多方向不同且直线前进的光，其中有一道光线前进的角度，刚好会穿过小孔，抵达屏幕上，这时就会在屏幕上形成上下颠倒、左右相反的像，因此又称为针孔成像。

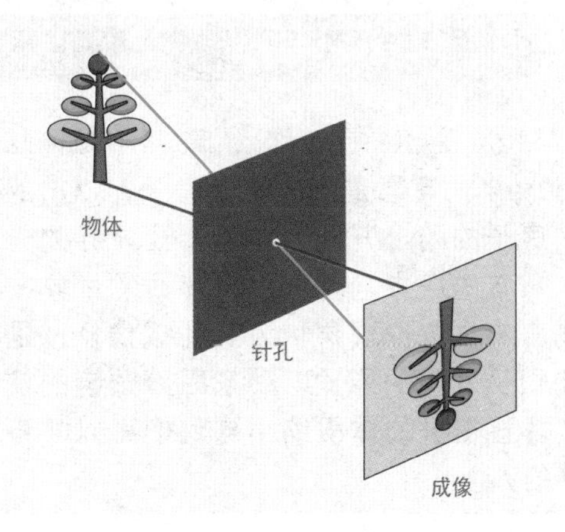

难易度	★☆☆☆☆
家长陪同	■必须 □可自主

实验材料

1. 钻子

2. 双面胶

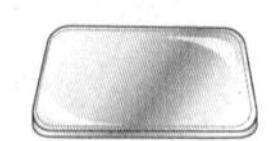
3. 描图纸

4. 放大镜片

实验步骤

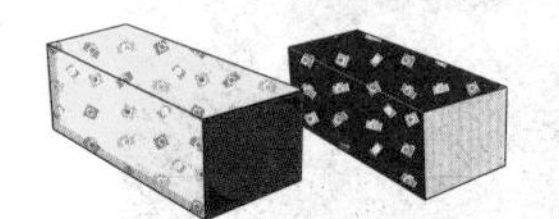

1 准备大小两个长方型纸盒。

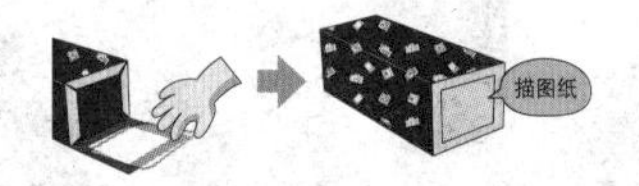

2 将小纸盒的两端剪去，其中一端用双面胶贴上描图纸。

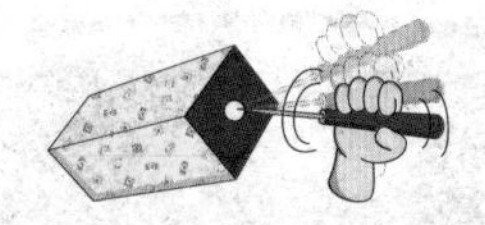

3 将大纸盒一端剪去，另一端中心挖出一个圆。

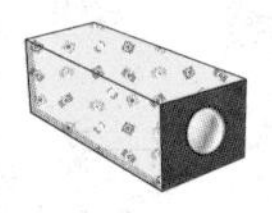

4 把菲涅尔放大镜贴在圆洞上。

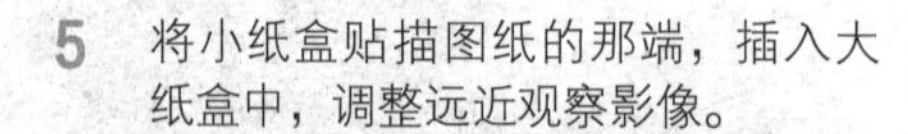

5 将小纸盒贴描图纸的那端，插入大纸盒中，调整远近观察影像。

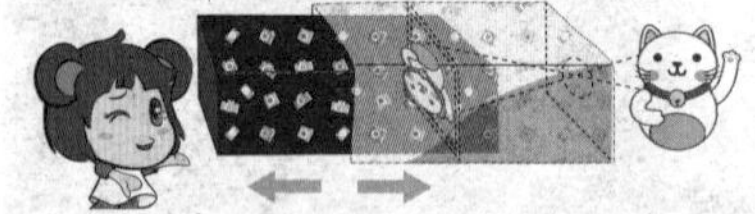

生活小教室

像箱子一样的古早相机

相机在以前又称为暗箱（Camera obscura），意思是指黑暗的房子，以前的人在房子的墙上开一个小洞，让外界的光进入黑暗的房中，就可以将外面的景象投射在房中，这种现象称为针孔成像，也是促使相机发明的原理，后来因为透镜的使用，才让相机的体积缩小到我们可以随身携带的大小。

在15世纪时，画家用针孔成像将影像投影在画布上来描绘，可以将图像画得更精准，直到后来研究感光材料发明了相纸，将相纸放进暗箱的成像处，拍出了现代的第一张相片。

自制显微镜

玻璃珠也可以当显微镜

单式显微镜是利用物质的折射效果来将物体放大，像玻璃珠、水和塑料等，都是日常生活中可以用来放大的材质。而常见的显微镜是复式显微镜，是利用目镜和物镜两片凸透镜来呈现两次放大的效果，物体先经过物镜第一次放大，再经过目镜进行第二次放大。

难易度	★☆☆☆☆
家长陪同	■必须 □可自主

实验材料

1. 赛璐璐片 2. 透明胶带 3. 剪刀 4. 小锥子 5. 胶水 6. 小叶子或头发 7. 两张卡纸 8. 小玻璃珠

实验步骤

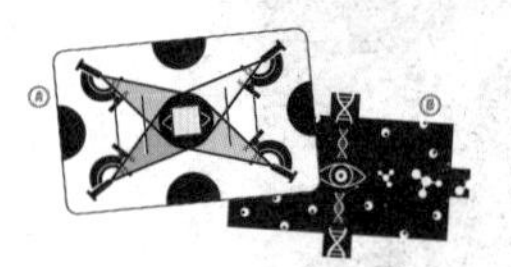

1 准备A与B两张卡纸，将A卡中间挖空。

2 把要观察的小叶子或头发放在赛璐璐（即硝化纤维塑料）片中，用胶带粘平整。

3 再把粘有小叶子或头发的赛璐璐片固定在A卡中。

4 将B卡中心的位置点用锥子戳一个小洞，再用胶水粘玻璃珠塞入小洞。

5 A卡叠在B卡上，将B卡的玻璃珠对准A卡待观察的物体。

6 眼睛从A+B卡背面透过玻璃珠观察看看，发现了什么?

生活小教室

世界上第一支复式显微镜

世界上第一支复式显微镜是由荷兰的眼镜匠詹森所发明，他将两片凸透镜固定在一个可伸缩的管子两边，可以前后拉伸，最大可以放大到10 倍左右。

科学好好玩 18 浮空投影

不用计算机特效就能浮起来!

浮空投影是利用塑料片的反射,将手机的图像反射到我们眼中,只是因为我们的大脑无法判断光线是如何反射转变路径的,所以看起来就像眼睛前方有一个浮在空中的图像。

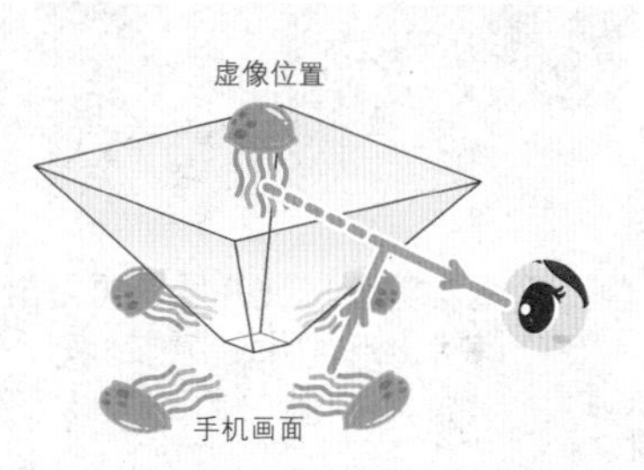

难易度	★☆☆☆☆
家长陪同	■必须 □可自主

实验材料

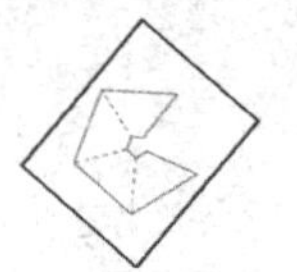
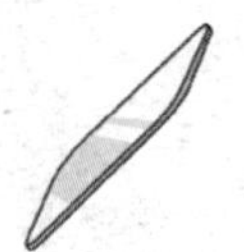

1. 智能型手机
2. 影像投影器展开图
3. 较厚的透明塑料片
4. 剪刀或刀片
5. 胶带

实验步骤

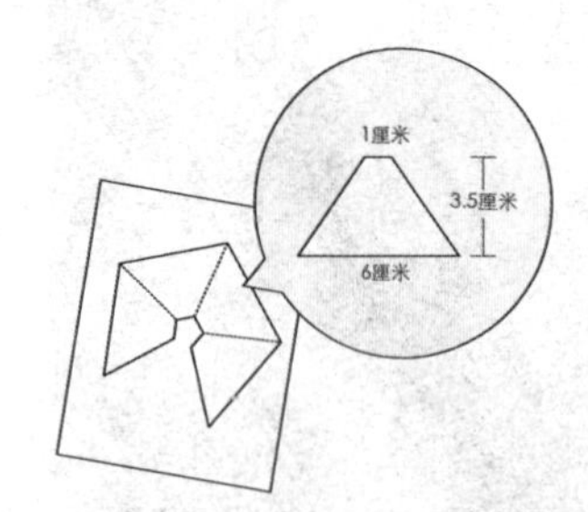

1 利用右页的影像投影器展开图。

2 把透明塑料片放在展开图上描绘边线。

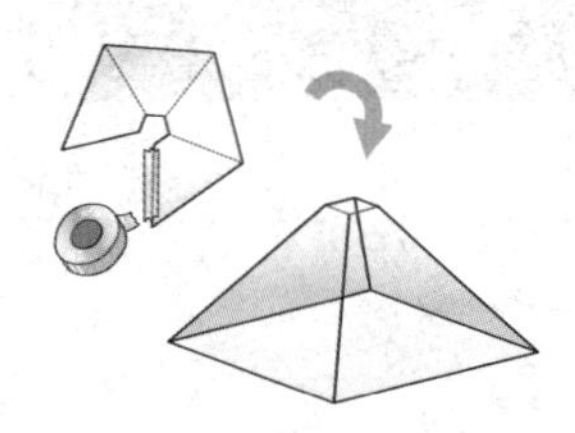

3 沿着实线割下展开图，再沿着虚线折成金字塔状，用透明胶带粘起来。

4 用手机播放专用影片，并将做好的影像投影器以漏斗状立在屏幕中央。在暗处就可以看见投影器内出现的影像！

影像投影器展开图

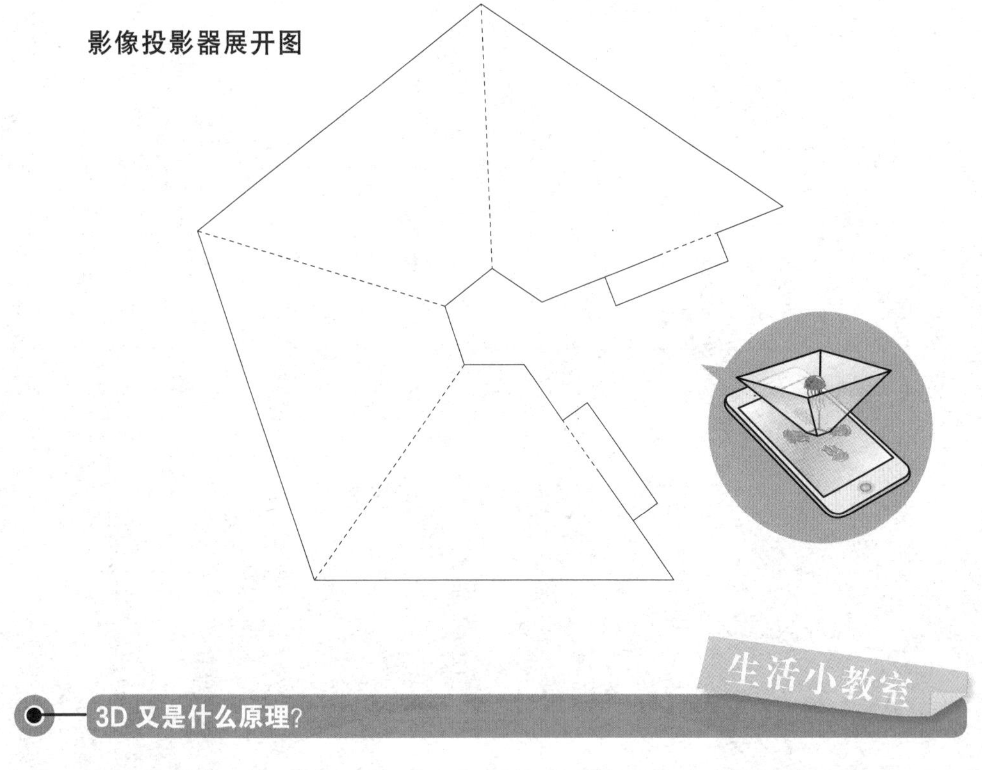

生活小教室

3D 又是什么原理?

我们可以通过特殊眼镜或是观察技巧，从影像或是图片中，看到浮凸出的立体影像，主要是因为两眼之间有 6-7 厘米的距离，看到的影像会有些不同，大脑便会将两种影像组合成立体影像。

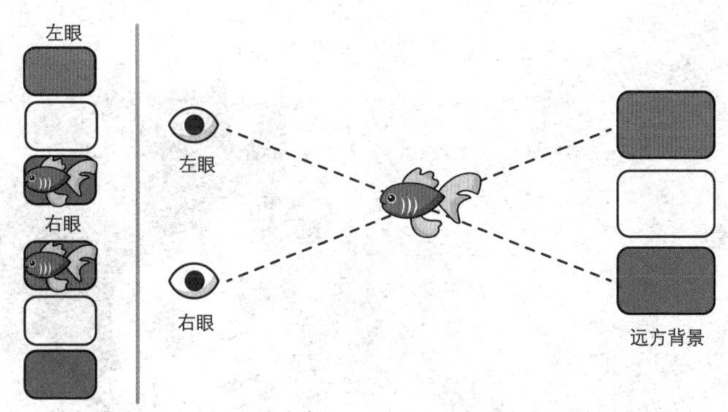

4 月

创意玩科学

热与热的传导

热充斥在我们的生活中，烹饪、电器使用、洗热水澡、食物消化等，可说是无所不在，在初中物理、化学的学习中，热的观念和计算也是非常重要的，在这些实验中，我们会从不同的角度来学习热的概念。

假日的时候，爸爸说要煮厉害的火锅给小明吃，但桌上没有锅子，只摆着一个看起来用纸做成的容器，爸爸说今天的火锅是要用纸来煮，小明吓了一跳，难道纸不会烧起来吗？

科学好好玩⑲：自制温度计

温度计是居家常备用品之一，温度计为什么可以测量温度呢？在这个实验中，透过酒精体积的热涨冷缩，就可以了解温度计的简单原理。

科学好好玩⑳：烧不破的纸钞

纸张非常容易燃烧，一点就燃，但为什么可以烧，却烧不破呢？

科学好好玩㉑：土豆片火种

食物的热量是人赖以维生的能量，但是光从食品包装上看到多少卡路里，无法很直接地或间接地观察到热量。所以，让我们试试看把土豆片拿来燃烧吧，保证让你惊讶喔！

科学好好玩㉒：纸火锅

纸火锅是时下非常流行的一种吃法，为什么把纸碗放在火上不会烧起来，还可以煮火锅呢？

科学好好玩㉓：热水往上流

通过染色素的冷水和热水，我们可以观察到水的对流，也可以看到热水因密度小很明显地漂浮在冷水上，冷热水不会混和在一起。

科学好好玩㉔：激光笔射气球

为什么夏天穿黑色衣服感觉特别热？通过用激光笔加热黑色和其他颜色的气球，来了解热激光的特性吧。

纸烧不掉，土豆片却烧得很大？温度与热量的真面目

温度是用来表示物体冷热的物理量，当物体吸收或放出热量时，温度就会发生变化，随着温度的变化，物体也会有不同的状态与特性，通常会使物体的体积大小、软硬程度，甚至颜色发生改变。

温标有三种，摄氏、华氏、凯尔文

1. 摄氏温标

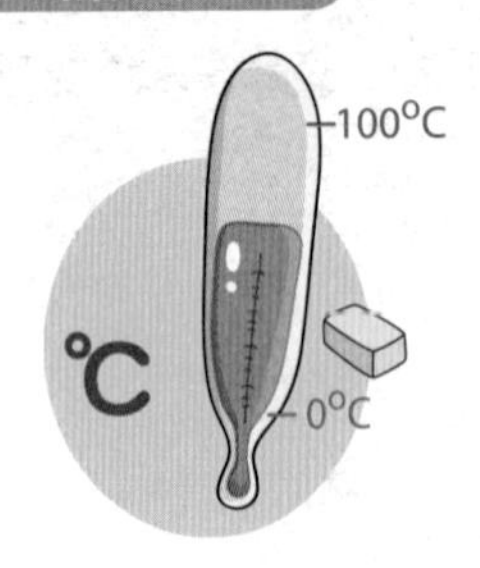

在一个大气压下，摄氏温标是以0℃为纯水的凝固点、100℃为纯水的沸点，目前为止，摄氏温标为全世界最普遍使用的温标，中国也是使用此温标。

2. 华氏温标

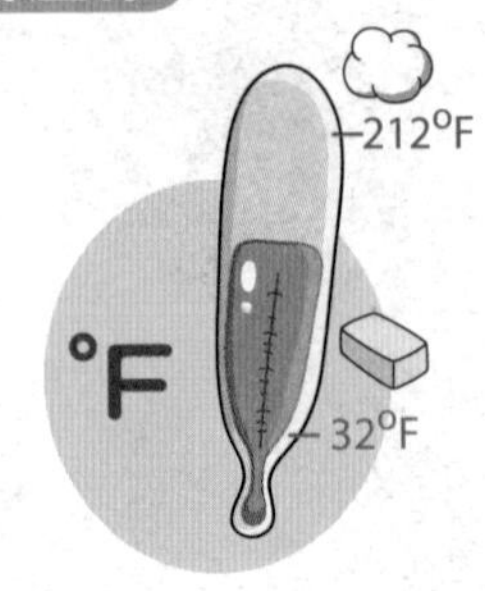

在一个大气压下，以32℉为纯水的凝固点、212℉为纯水的沸点，中间为180等分。此温标为德国的科学家华伦海特所定义。

3. 绝对温标（K）

又称为凯尔文温标，为温度的国际标准单位。0℃ = 绝对温度273.15。摄氏温度每上升一度，绝对温度就上升一度；绝对零度是热学的最低温度，也就是目前理论上的最低温度，此时低到连原子都会停止运动！

温度计有很多款，较常见的有哪些？

温度计种类	温度量测原理	精准度	测量部分
酒精 / 水银温度计	酒精 / 水银体积的变化	中	生活中测量温度
液晶温度计	液晶颜色改变	低	水族箱
电阻温度计	金属电阻改变	高	实验室精密测量
气体温度计	气体的膨胀	高	实验室精密测量
伽利略温度计	物质密度变化	低	生活中测量温度
红外线温度计	测量红外线转成温度	中	测量体温

生命中不可缺少的热量

热量的来源有许多种，比如太阳放出的热，燃烧物质放出的热，消化食物放出的热等，通过这些热量，我们可以将食物煮熟，维持我们的体温，使地球上的生命可以生存。

1. 太阳的热辐射。

2. 物质燃烧放出的热。

3. 食物在肚子内消化。

在日常生活中，除了太阳给我们温暖之外，在人体内也需要许多的热量，来维持体温或保持身体机能，而人体内所需的热量来源，就是食物中的糖类、蛋白质以及油脂。一般来说，1 克蛋白质可以提供 4 卡路里热量；1 克油脂可以提供 9 卡路里热量；1 克糖类可以提供 4 卡路里热量。

而我们每天需要多少能量？每人一天都有基础代谢量，也就是指一个人躺在床上一整天都不动，仍然会消耗的最低热量。再根据个人每天活动所消耗的热量，就可以推算一天大约需要多少热量。算算看，你一天需要多少热量呢？

科学好好玩 19 自制温度计

温度计为什么能测量温度?

物质温度变化时，内部小粒子的距离会改变，温度上升，分子的距离变大，物质的体积也变大；温度下降，物质的体积会变小。这就是我们常听到的热胀冷缩，而温度计就是利用酒精膨胀后，在管内爬升，来表示温度。

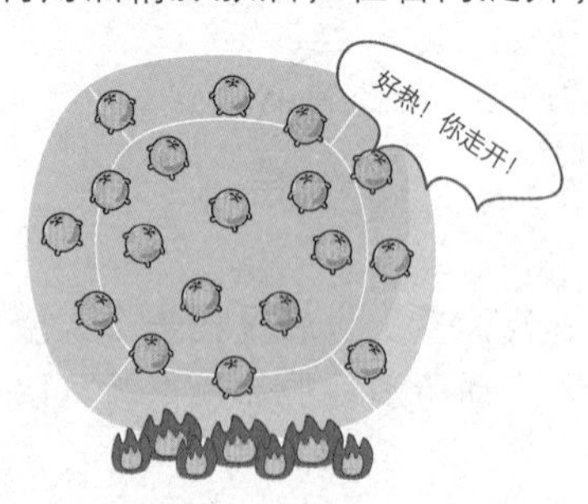

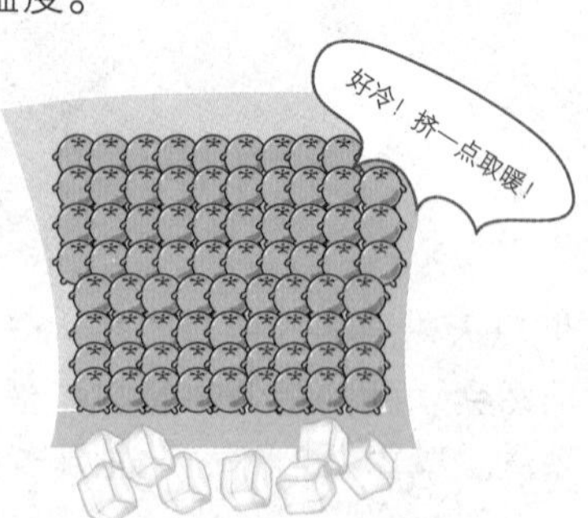

难易度	★★★☆☆
家长陪同	□必须 ■可自主

LESSON 7

实验材料

1. 染色酒精 2. 玻璃瓶 3. 玻璃管

实验步骤

1 将染色酒精加入玻璃瓶中。

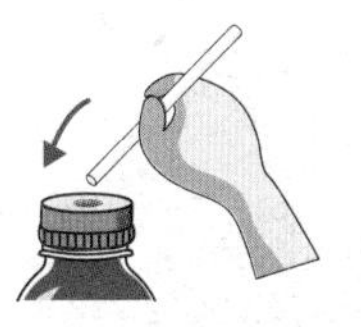

2 盖上盖子，并将玻璃管插入。

3 观察玻璃管中的染色酒精。

4 将瓶子放入热水中，观察玻璃管中的染色酒精。

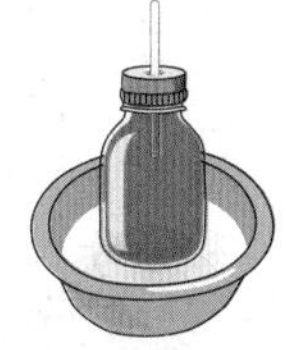

5 将瓶子放入冷水中，观察玻璃管中的染色酒精。

生活小教室

看得到、用得着的热胀冷缩！

在夏天因为膨胀而隆起的磁砖。

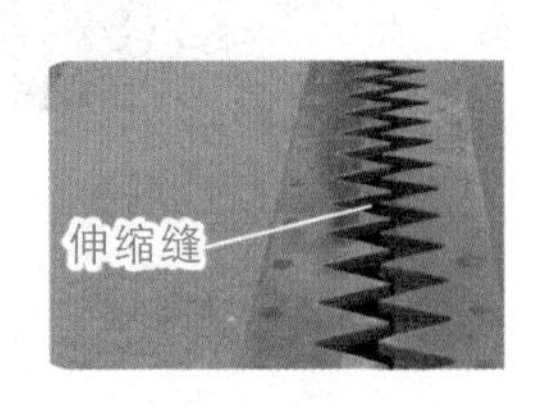

桥梁上的伸缩缝，就是为了避免膨胀时，桥梁因挤压而损坏。

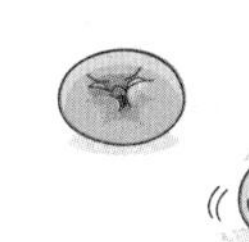

压扁的乒乓球只要冲热水，就可以恢复原状。

两个杯子卡在一起，只要向里面杯子装冷水，外面杯子泡热水，就可以将杯子分开。

科学好好玩 20 烧不破的纸钞

照片里是玩具纸钞，大家不要拿真的钞票来烧喔！

燃烧的纸钞为何平安无事？

酒精在燃烧时，温度会上升，但酒精燃烧放出来的热，会有一部分被水吸走，使得纸的温度无法到达纸张的燃点（约140℃），因此纸张无法燃烧。

难易度	★★★☆☆
家长陪同	■必须 □可自主

实验材料

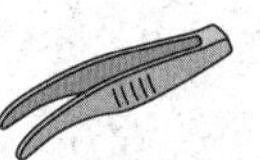

1. 玩具纸钞　2. 酒精　3. 食盐　4. 湿抹布　5. 打火机　6. 镊子　7. 杯子

实验步骤

1 取药用酒精与水，以体积比1:1倒入杯子混合。

2 加入少许食盐（NaCl）进水溶液中，可让火焰看得更清楚。

3 将玩具纸钞前三分之一浸入加盐的酒精水溶液，浸湿后用镊子将玩具纸钞取出。

4 以火焰点燃玩具纸钞湿润处，即可呈现纸钞着火现象。

5 火焰熄灭之后，玩具纸钞完好如初，完全看不出有被烧过的痕迹。

燃烧三元素

物质的燃烧需要三种要素：可燃物、助燃物以及燃点，缺一不可，否则便无法燃烧。可燃物是指可以燃烧的物质，例如纸张、木材、酒精等。最常见的助燃物为氧气，若是在没有助燃物的环境下，物体是无法燃烧的。燃点则是开始燃烧的温度，每种物质都有自己的燃点，若是温度没有达到燃点，物体就无法燃烧。

科学好好玩 21 土豆片火种

为什么土豆片可以当火种？

食物中有许多的热量，土豆片在制作时，会经过脱水、油炸，经过油炸后的土豆片，除了本身的淀粉外，还多了高热量的油脂，因此只要一点燃，便可以一直燃烧。

难易度	★★☆☆☆
家长陪同	■必须 □可自主

实验材料

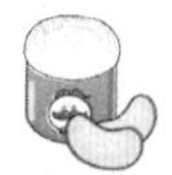

1. 三角架 2. 陶瓷纤维网 3. 烧杯 4. 烤肉夹 5. 温度计 6. 铝箔纸 7. 打火机 8. 土豆片

实验步骤

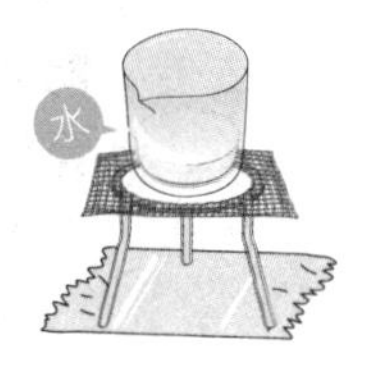

1 桌上铺铝箔纸，再将烧杯装些许水放在三角架上。

2 用烤肉夹夹土豆片，放在三角架下燃烧。

3 用温度计观察烧杯内水的温度变化。

生活小教室

还有哪些食物可以燃烧？

除了土豆片外，有许多食物本身就富含油脂，也可以代替土豆片当作火种喔！

花生

坚果

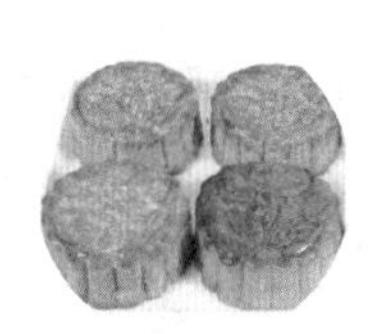

月饼

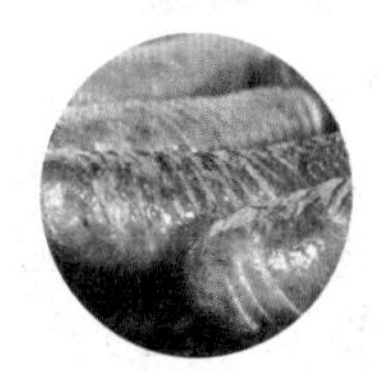

香肠

Lesson 8

用纸碗也能煮火锅！超神奇的热传播

热的传播是由高温往低温传，直到温度平衡为止，不同的物质，传递热的方式皆不同，传播的方法分成三种：热传导、热对流以及热辐射。

煮菜常用的热传导

煮东西时，锅子的热量会经由锅子传到手上，使我们感觉到热，这个过程便是“热传导”的现象。热传导必须经过物质当作媒介，将热能传送过去。一般而言，金属的热传导能力会比非金属要好，所以在需要导热快速的地方会使用金属材质来制作，例如：锅子、计算机外壳等。

● 热传导必须经过物质当作媒介，将热能传送过去。

非金属导热慢

金属导热较快

● 传送热能的能力与传送的材质有关。

冷气其实是热对流

气体和液体在流动时，本身就会带着热量一起移动。当水的温度上升后，密度会降低，造成温度高的水往上升，而水离开所造成的空缺，由旁边的水来递补，造成水的流动，此现象称为对流现象。

热空气的流动也相同，温度上升时，因为热胀冷缩，所以气体的体积会变大，使得热空气密度变小而浮起，这就是我们常听到热空气上升、冷空气下降的原因。

无所不在的热辐射

第三种导热的方式称为“辐射”，辐射不需要任何介质便可以传递，例如：太阳的热。热辐射其实是一种电磁波。温度越高，散发出来的辐射能量越强；温度越低，散发出来的辐射能量越弱。当物质散发出来的辐射小于接收的辐射，物质的温度便会开始上升。且深色系的表面容易吸收辐射，也容易放出辐射；表面粗糙的物质也较容易吸收辐射。

我把我的热情传给你！

● 温度越高，散发出来的辐射能量越强。

● 温度越低，散发出来的辐射则越弱。

科学好好玩 22 纸火锅

神奇的纸火锅

纸的燃点大约在130℃左右（不同的纸张会有差异），但是水的沸点为100℃。烹煮过程中，多余的热会被水蒸气带走，所以纸火锅不会燃烧，但若锅中液体蒸发完，纸火锅就会燃烧。

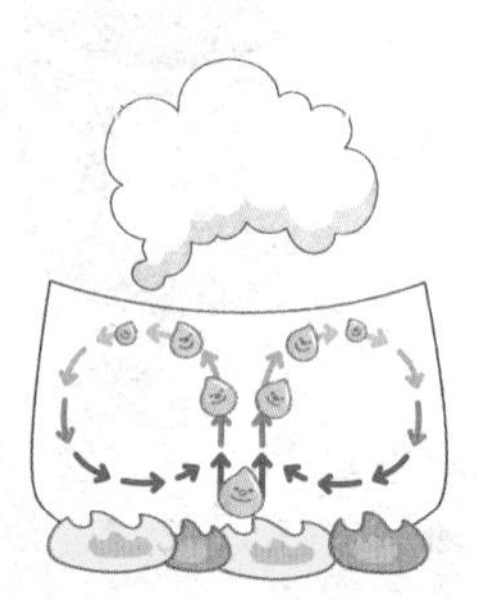

难易度	★★★☆☆
家长陪同	■必须 □可自主

LESSON 8

实验材料

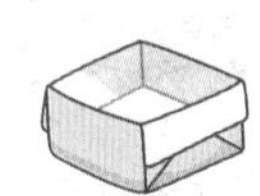
1. 纸

2. 泡面

3. 竹筷

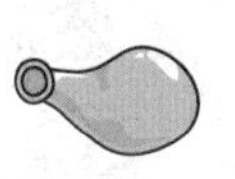
4. 气球

5. 酒精灯组

实验步骤

1 将纸折成容器状，装半碗水后加入泡面。

2 直接使用酒精灯组加热纸火锅，纸不会烧起来喔！

3 试试看将气球装水加热，气球会不会破掉呢？

生活小教室

常见的热传导

热传到锅子上，使温度升高，煮熟食物。

沙子的高温，将栗子煮熟。

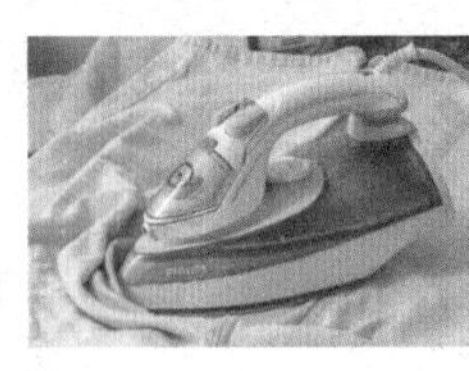

熨斗烫衣服。

羽绒衣可以隔绝温度散失。

科学好好玩 23　热水往上流

原来是密度！

热水温度较高，密度较小，所以会往上流，冷水则往下降。但是如果一开始热水就在上方，就不会发生对流的情况喔！

难易度	★★★★☆
家长陪同	■必须 □可自主

实验材料

1. 玻璃瓶两个　2. 色素　3. 塑料片

实验步骤

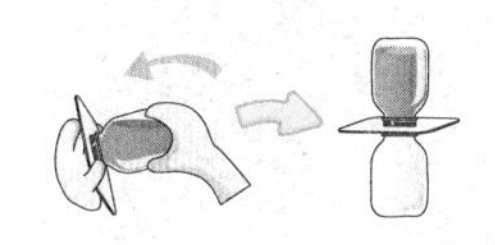

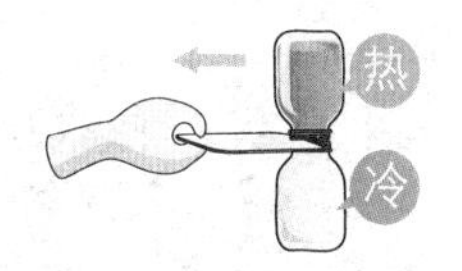

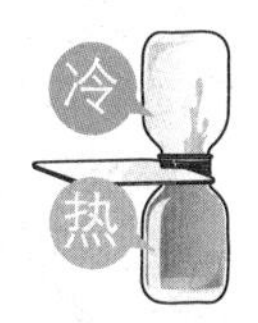

1 将玻璃瓶分别装入冷水和热水。

2 在热水里滴入色素。

3 用塑料片盖住热水瓶口，把瓶子放到冷水瓶上，口对口。

4 慢慢抽掉塑料片观察。

5 试试看如果是冷水瓶在上面呢？

冷高暖低，热对流的特性

生活小教室

因为热往上、冷往下的特性，空调安装在高处，冷空气会往下吹使房间凉爽；暖气片暖炉则通常靠近地面，热空气会往上流、温暖房间。

空调安装在高处。

暖炉通常在靠近地面的地方。

科学好好玩 24 激光笔射气球

越黑越好破！

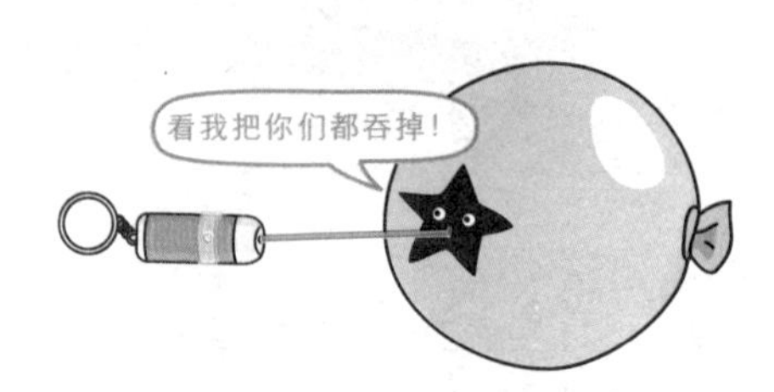

黑色是容易吸收辐射的颜色，激光笔的能量打在黑点上，会被黑点吸收，使得温度升高，让气球破掉。越黑越好破！看我把你们都吞掉！

难易度	★★★☆☆
家长陪同	■必须 □可自主

LESSON 8

实验材料

1. 气球

2. 奇异笔

3. 蓝光激光笔

实验步骤

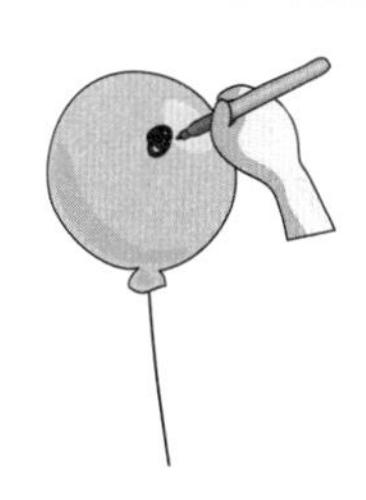

1 将气球灌满气，用奇异笔在上面涂上黑点。

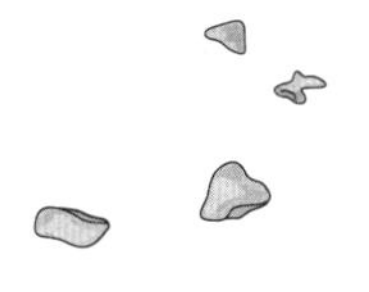

2 用激光笔对准黑点，气球发生了什么事呢？

3 观察如果用不同颜色的气球，但不用奇异笔涂黑点，气球是否会破掉？

还有哪些热辐射？

生活小教室

❶ 白色的衣服会把辐射弹开，所以夏春季多为浅色服装；而黑色的衣服会吸收辐射，所以秋冬服装会以深色为主。

❷ 平滑的表面容易反射辐射，将热能保存在内部。

❸ 耳温枪通过测量人体的辐射来测量温度。

5月

创意玩科学

温度与三态变化

延续上个月的学习内容，热对物质的影响非常多，除了三态变化，还会产生新的物质。通过膨糖、热冰以及自制冰淇淋等实验，除了可以加深对小苏打粉的应用外，还可以更了解吸热与放热的原理。而除了水的三态之外，我们也要来看看生活中还有哪些三态变化。

小美最喜欢吃冰淇淋，今天又吵着妈妈买给她，但妈妈说，我们自己来做冰淇淋，简单、便宜又健康。小美不敢相信，真的可以自己做吗？那就可以天天吃啦！

科学好好玩㉕：胖胖膨糖

膨糖（一种流行于台湾的小吃）是一种美味的零食，许多人都吃过，但没想到其中也包含了科学原理！

科学好好玩㉖：热冰

市面上有一种可以重复利用的暖暖包，只要按下里面的铁片，暖暖包里的溶液就会开始结晶，并且放热，那里头的材料就是热冰，我们可以借此观察到从液体变固体过程中的热量变化。

科学好好玩㉗：自制冰淇淋

一般的印象中，冰淇淋必须靠冷冻库或制冷机才能完成，但其实用冰块和食盐，就可以做出霜淇淋了！

科学好好玩㉘：自制干冰

用高压的二氧化碳灭火器就可以制作干冰！用枕头套将低温二氧化碳留住，观察气体变固体的凝华现象。

科学好好玩㉙：隔空点蜡烛

蜡烛在燃烧时，烧的究竟是蜡还是蜡油呢？其实都不是。蜡烛真正在烧的是蜡蒸气，通过点燃蜡烛熄灭后的白烟，就可以看见隔空点蜡烛的神技！

科学好好玩㉚：自制瓶中雪

瓶子里居然会下雪？利用苯甲酸变成蒸气后冷却的现象，把如同雪花般飘落的美丽结晶收藏起来！

Lesson

9 急冻！超快速的温度变化

在自然界中，有各种不同的反应，例如：冰块融化成水、水蒸发成水蒸气、铁钉生锈、酸性和碱性物品的中和等。在这些反应当中，常常会伴随着热量的变化，所以我们可以将这些反应分为吸热反应和放热反应两种。

● 吸热反应：吸热反应会把热量吸走，造成周围的温度降低，例如：冰块融化。

● 放热反应：放热反应在进行时，会不断地将热量排出，造成周围的温度上升，例如：燃烧反应。

自然界的控温大师

当物质在吸收或放出热量时，就会产生温度的变化，不同物质温度变化的快慢各不相同。有些物质吸收热量，温度上升较快；反之，有些物质吸热，温度上升较慢。

● 水吸热温度上升慢；铜吸热温度上升快。

影响温度上升快慢的因素称为比热，比热是1克的物质上升1℃所需的热量，以水来说，水的比热为1卡/（克·℃），也就是1克的水上升1℃需要1卡热量。

常见的物质比热

物质	比热卡/（克·℃）	物质	比热卡/（克·℃）
铝	0.215	水	1
铁	0.108	酒精	0.582
铜	0.092	丙酮	0.519

水在自然界中属于比热偏大的物质，因此温度上升难下降也难，很适合用来保暖或是冷却。

热水降温较慢，可以倒进热水袋里热敷。

车子的引擎旁会有水箱，水箱的水可以帮助引擎降温。

海洋中有大量的水，可以吸收大量的热，不让白天温度上升太快；晚上则慢慢放出热量，让温度慢慢下降，使得温差不至于太大，而没有海洋的月球，日夜温差可以到达270℃呢！

科学好好玩 25 胖胖膨糖

为什么糖会膨起来?

将糖加热到融化后，加入小苏打粉，小苏打粉因为吸热而分解出二氧化碳，二氧化碳便会带着正在冷却的糖，向外膨胀，等到糖放热冷却凝固后，就是美味的膨糖了。

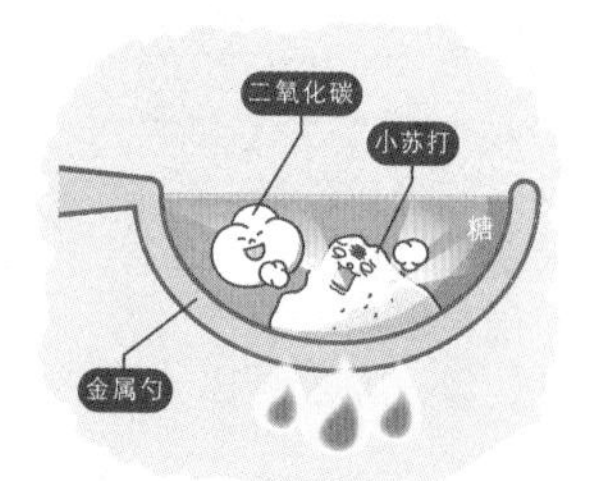

小苏打受热后，会分解出二氧化碳。

二氧化碳向外扩散，使糖膨胀。

$$2N_aHCO_3 \rightarrow Na_2CO_3 + CO_2 + H_2O$$

难易度	★★★★★
家长陪同	■必须　□可自主

实验材料

1. 糖

2. 酒精灯组

3. 手套

6. 杯子

5. 蛋白

4. 水

7. 搅拌棒

8. 铁杯

9. 小苏打

10. 布丁匙

实验步骤

1 将12克小苏打和2个布丁匙的蛋白搅拌均匀备用。

2 将糖加入一点水后加热。

3 加热至沸腾后，轻轻搅拌至水分蒸发。

4 等稍微冷却后，用搅拌棒沾黄豆大小的小苏打，再把蛋白加入，快速搅拌。

5 搅拌至糖开始膨胀后便停止，等待膨胀冷却就完成了。

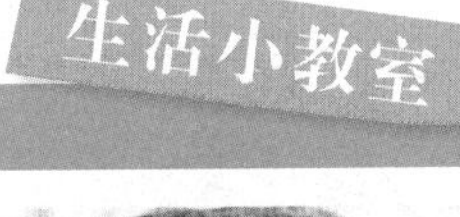

香喷喷、松软软的面包

烹饪时所使用的发面粉里就添加有小苏打，利用小苏打吸热会放出二氧化碳的特性，将发面粉加入面包中，就可以在烤面包时，利用分解出的二氧化碳，使面包更蓬松可口。

科学好好玩 26 热冰

不可思议！放热结冰

热冰是将过饱和醋酸钠溶液重新结晶析出，析出的过程中会放热，并凝固为固体。

难易度	★★★★☆
家长陪同	■必须 □可自主

实验材料

1. 醋酸钠

2. 酒精灯组

3. 耐热夹链袋

4. 烧杯

5. 水晶杯（含盖子）

实验步骤

1 醋酸钠和水以5:1放入夹链袋中，再放入烧杯中，隔水加热至完全溶解。

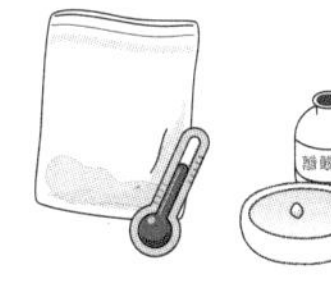

2 取出夹链袋，等温度降低至温热，在水晶杯盖上放上一颗醋酸钠。

3 将醋酸钠水溶液慢慢淋在杯盖中的醋酸钠上，观察它的结晶状况。

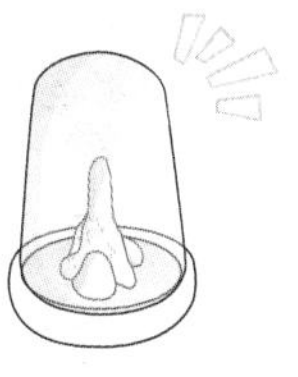

4 将水晶杯盖上，美丽的仿制钟乳石就完成了。

还有哪些东西会放热？

生活小教室

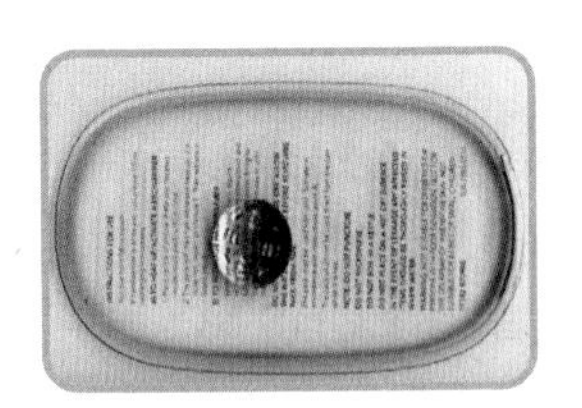

● 热冰制作的重复式暖暖包。

● 物质燃烧。

● 水蒸气凝结成水。

● 呼吸作用。

科学好好玩 27 自制冰淇淋

水 + 盐 = 天然冷冻剂

食盐在溶解过程中，会吸收热量将盐分解成钠离子和氯离子，钠离子和氯离子在水中会阻碍水的结冰，此时水会降到零度以下，都还不会凝固。而在冰淇淋制作的过程中，便可以将盐撒在冰块上面，使其温度下降到约 -21℃，相当于当作冷冻剂让冰淇淋结冻。

盐（NaCl）就像是钠和氯被一条线绑在一起，盐溶解时，必须吸收热量将线打断，才能将钠和氯分开。

难易度	★★☆☆☆
家长陪同	□必须 ■可自主

实验材料

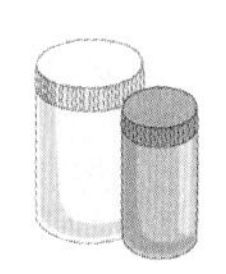

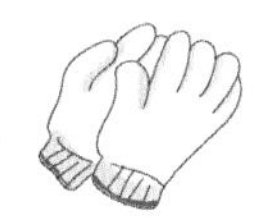

1. 有盖密封罐（大、小各一） 2. 冰块 3. 盐 4. 手套 5. 胶带 6. 炼乳 7. 牛奶 8. 蛋黄

实验步骤

1 将牛奶、炼乳、蛋黄倒入有盖的圆柱形密封罐（小）。

2 把小密封罐盖上盖子，外围用胶带密封，摇一摇。

3 小密封罐放入大密封罐中，并加满冰块，撒几匙盐（盐和冰块的比例1:3最好）。把大密封罐盖上盖子，外围用胶带密封。

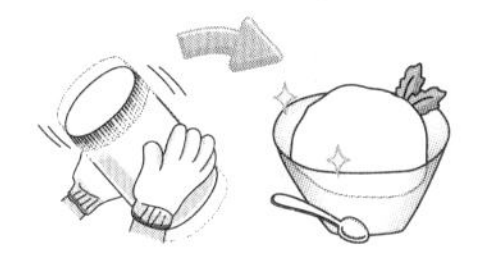

4 戴上手套，摇动密封罐。最后倒出冰淇淋即完成！

生活小教室

夏天到了，什么绝对不能少？

那就是制冷剂！可以用来降温、保冷的物质或方法都可以称为制冷剂，在生活中可以常常看到制冷剂的应用喔。

冰箱

冷气

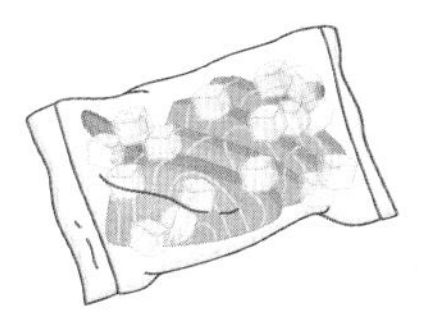

海鲜的保鲜

Lesson 10 不只昆虫会变态？！差别很大的物质三态变化

物质随着温度的不同，会有固、液、气三种状态，三种状态不论体积、形状都有属于自己的特性。

● 物质粒子之间的距离非常小，彼此互相吸引着，因此体积以及形状都是固定的，并不会随着容器而改变，例如：冰块。

● 物质粒子之间的距离较大，形状会随着容器而改变，但体积不会改变，例如：水。

● 物质粒子之间的距离非常大，形状和体积都会随着不同环境而改变，例如：空气、水蒸气。

凝固、凝结、凝华，哪里不一样？

物质在不同温度或压力下时，会呈现不同的状态，物质在这三种状态之间不断变化，例如：在高温下，铁会变成铁浆，在约2800℃时，还会变成铁蒸气。

1. 物质固体和液体之间的变化：物质从液体变成固体的过程称为凝固，从固体变成液体则称为熔化。
2. 物质液体和气体之间的变化：物质从液体变成气体的过程称为汽化，从气体变成液体则称为凝结。
3. 物质固体和气体之间的变化：有些物质在日常生活中，会直接从固体变成气体，并不会出现液体的状态，例如：樟脑丸、干冰。而固体变成气体称为升华，从气体直接变成固体称为凝华。

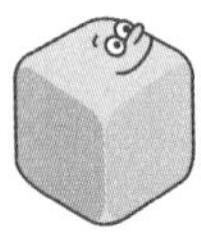

几乎每天都会看到的三态变化

水的三态变化很常见，在一个大气压下，有冰、水和水蒸气三种状态，纯水的凝固点约为 0℃，此时水凝结成冰；而纯水的沸点为 100℃，水则会开始沸腾汽化为水蒸气。

水的三态变化

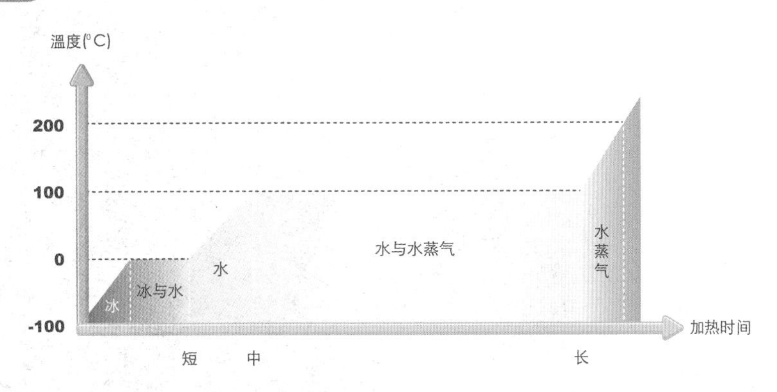

干冰其实是固体的二氧化碳

干冰的成分是大气里的二氧化碳（CO_2），二氧化碳在低温高压下，就会压缩成固体的状态。在室温下干冰会直接升华成气体。

那么二氧化碳有液体状吗？在平常生活的环境下，是无法看到液态的二氧化碳的，但是我们能通过三相图，来得知二氧化碳在不同气压和温度下的状态。

注意！干冰温度很低，不可以徒手拿，会冻伤喔！

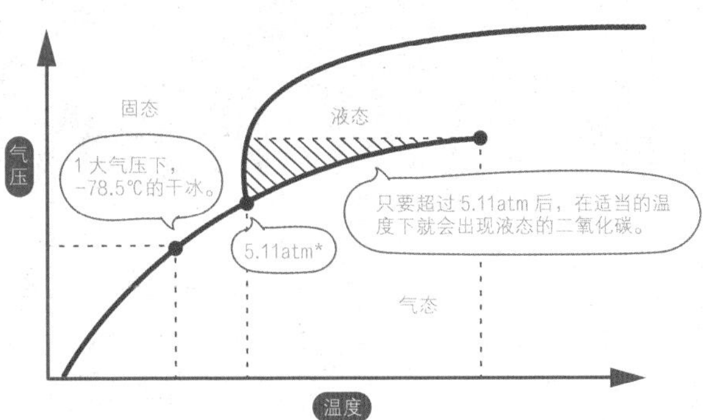

*：atm 是 atmosphere 的简写，指海平面的标准大气压。

科学好好玩 28 自制干冰

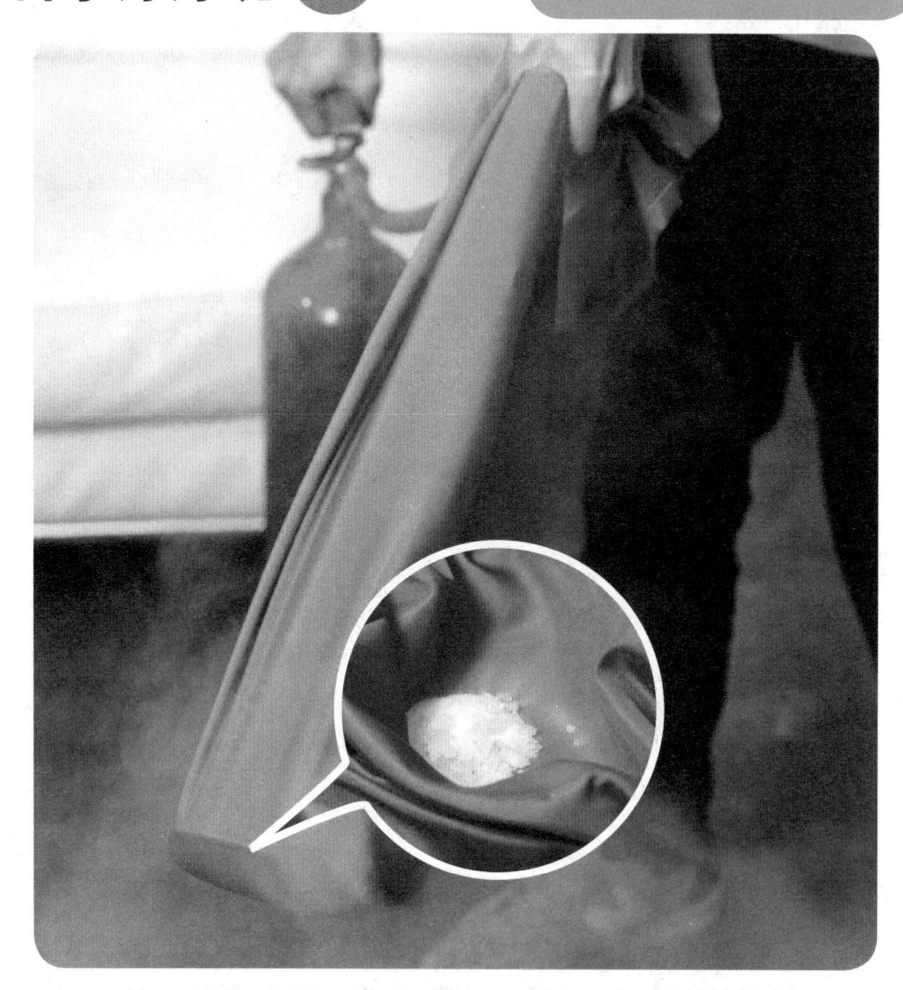

做干冰这么简单！

二氧化碳式的灭火器内装着大量的二氧化碳，当二氧化碳喷出时，因为压力减小，体积膨胀，此时温度非常低，若用枕头套将二氧化碳收集，在持续的低温下，就可以收集到干冰了。

难易度	★★★★★
家长陪同	■必须 □可自主

实验材料

1. 二氧化碳灭火器

2. 手套

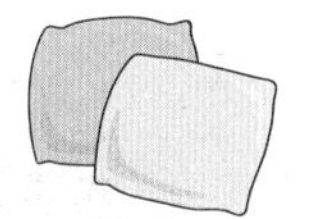
3. 枕头套

实验步骤

1 戴上手套。

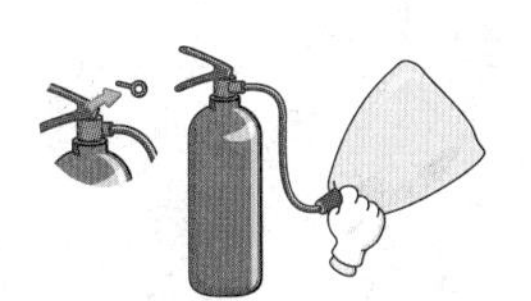
2 用枕头套包住灭火器喉管前端，拉开灭火器的保险栓。

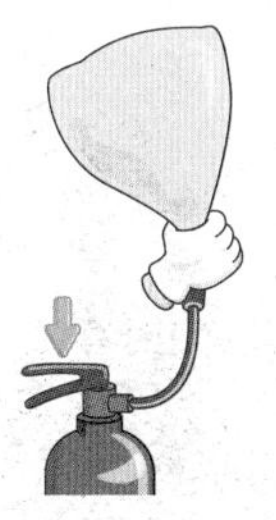
3 持续对着枕头套内喷二氧化碳。

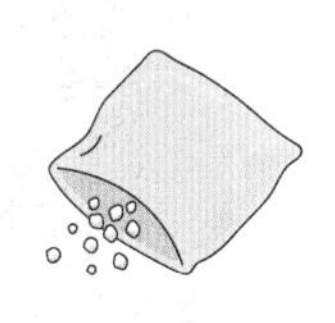
4 就可以收集到干冰啰！

生活小教室

呼烟唤雨！干冰好好用

❶放在饮料中，做成干冰汽水。
❷当作冷冻剂，空运食品可以用干冰冷冻。
❸人造雨就是利用飞机将干冰洒在云层上，云中的水滴就会被冻成许多小冰晶，让更多水气凝结为雨滴，开始降雨。
❹魔术表演、演唱会舞台效果或是戏剧里的烟雾效果，都可以使用干冰，只要让干冰在室温下升华，就会使空气中水气凝结产生白烟。

❶

❷

❸

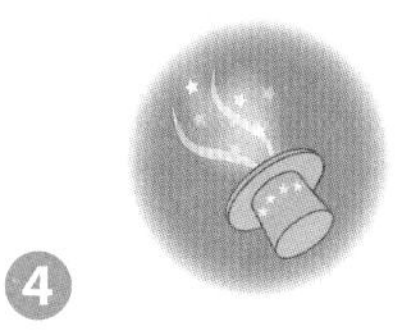
❹

科学好好玩 29 隔空点蜡烛

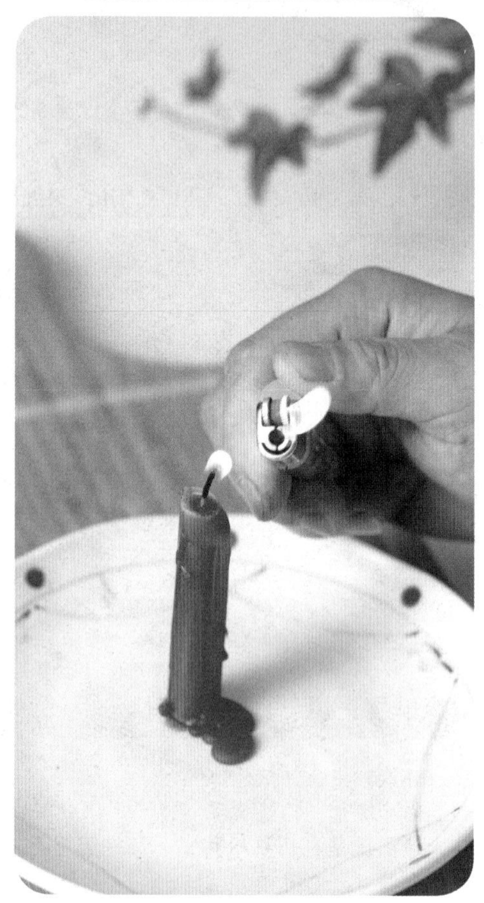

烟也可以烧吗？

蜡烛在燃烧的过程中，会先熔化形成蜡油，蜡油经过棉线吸收，爬升到顶端，受到高温形成蜡蒸气，此时的蜡蒸气才可以燃烧，吹熄后的白烟中含有蜡蒸气，只要快速对白烟点火，就会沿着白烟一路燃烧回烛芯了。

难易度	★★★★☆
家长陪同	■必须 □可自主

实验材料

实验步骤

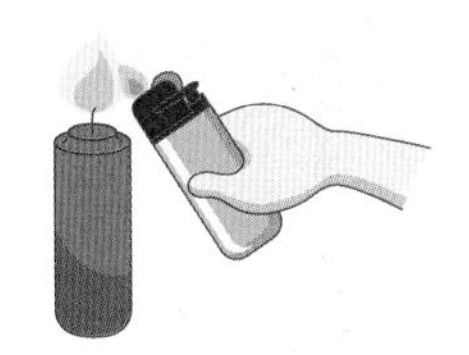

1 点燃蜡烛。

2 将蜡烛吹熄，看到蜡烛冒出白烟。

3 用打火机接触白烟。

4 看着火焰沿着白烟将蜡烛点燃。

隔空不只可以点蜡烛?

❶工业镀膜上，有一种热蒸镀的方法，就是利用加热将金属变成气体，附着在物体上。

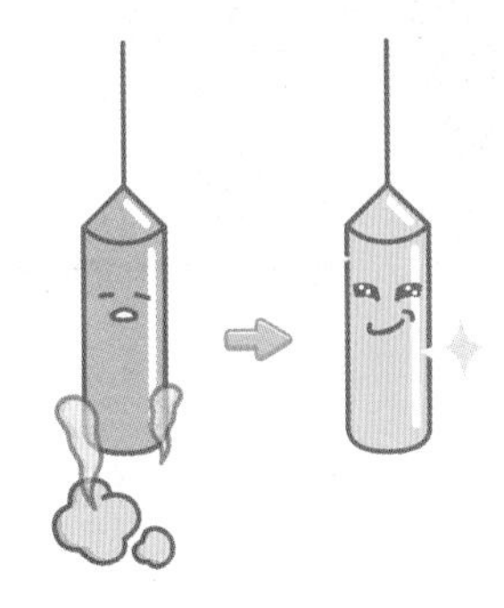

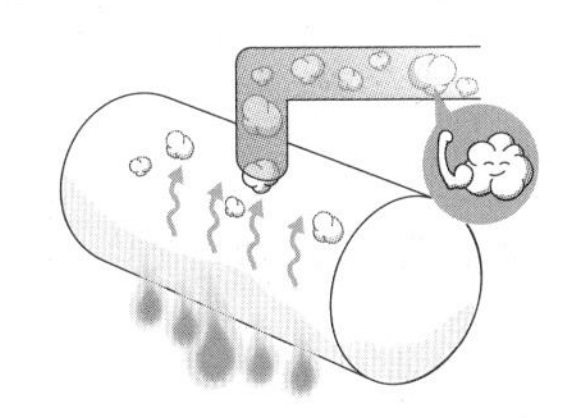

❷火力和核能发电厂就是利用放出的能量加热水，当水变成水蒸气后，来推动发电机组。

科学好好玩 30 自制瓶中雪

圣诞节的时候来做做看吧！

苯甲酸晶体，通过加热后变成气态，气态的苯甲酸等到冷却后，就会凝固成苯甲酸晶体，并附着在叶子上。

难易度	★★★★☆
家长陪同	■必须 □可自主

实验材料

1. 苯甲酸　2. 酒精灯组　3. 布丁匙　4. 装饰瓶　5. 树叶　6. 铝箔纸

实验步骤

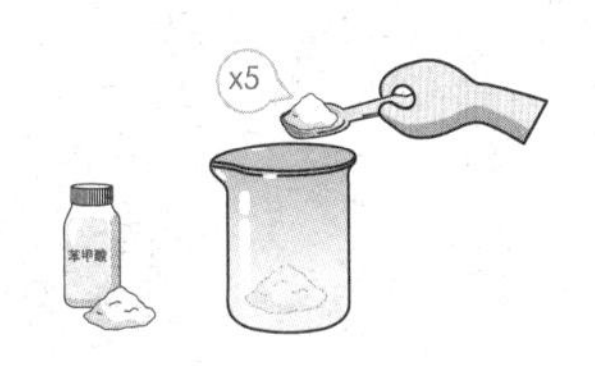

1 在烧杯中加入5布丁匙苯甲酸。

2 放入树叶，在烧杯口盖上铝箔纸，加热苯甲酸至气化。

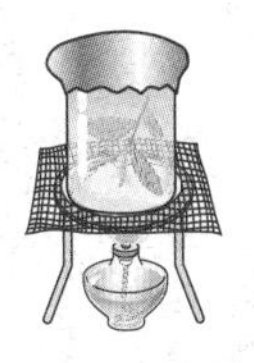

3 熄火等待蒸气冷却。

4 将树叶取出，放入瓶中装饰。

常见的凝固和凝结

生活小教室

❶冷却后的油。
❷把石花菜加热，冷却后即可做成果冻。
❸玻璃工艺，通过加热软化玻璃来雕塑，冷却后即可定型。
❹通过降温将乳制品凝固，做成冰淇淋。

6 月

创意玩科学 金属

金属以及金属离子是我们常使用的物质，甚至每天摄取的食物中也含有金属离子，而人体内也含有许多稀有的金属。金属的特性是非常重要的，但以往都只能通过课本上描述的现象，来认识这些金属的特性。通过这几个简单的实验，大家自己动手做，就能加深对金属的印象，再也不用死背啰！

小红和家人一起来到公园观赏烟火，看着漂亮的烟火，小红忍不住想，烟火为什么会有这么多种颜色呢？

科学好好玩㉛：神奇炼金术

炼金术是古人梦寐以求的技术，其实以现代化学角度来看，古人通常是利用物质产生化学反应，变成合金或是其他混合物。下面让我们利用铜与锌的反应来炼金吧！

科学好好玩㉜：海底花园

瓶子里面居然凭空长出树来？其实，这是利用金属离子与水玻璃的交互作用，来形成像珊瑚状的装饰品。

科学好好玩㉝：自制仙女棒

烟火之所以缤纷绚丽，是因为火药中添加了各种物质，不同添加物在燃烧时，所放出的光亮不同。通过自己调配仙女棒的粉末，可以加深对添加物的印象，既好玩，又好学喔！

Lesson 11

一秒变金币？炼金术必学，金属的特性

金属是我们生活不可或缺的物质，常用来制作电器用品、容器和硬币等，让我们来认识金属的特性吧！

【金属的导电性和导热性】

大多数金属，导电和导热性都非常好，这是因为金属内拥有大量可以导电传热的自由粒子：电子。电子的运动可以将热传递出去。

【金属的光泽】

大多数金属都呈现银灰色和银白色，除了铜为红色、金为金色。

【金属的延展性】

金属都有良好的延展性，不易断裂，因此常用来打造各种装饰品或器具。

导电佳、抗氧化、硬度高，金属各有所长

1. 金

金是一种昂贵且不易氧化的金属，因此常用来打造饰品，在金融上，金也是一种用来交易投资的项目；在许多电子组件中，都会用金镀在内部的导电金属上，避免氧化。

2. 银

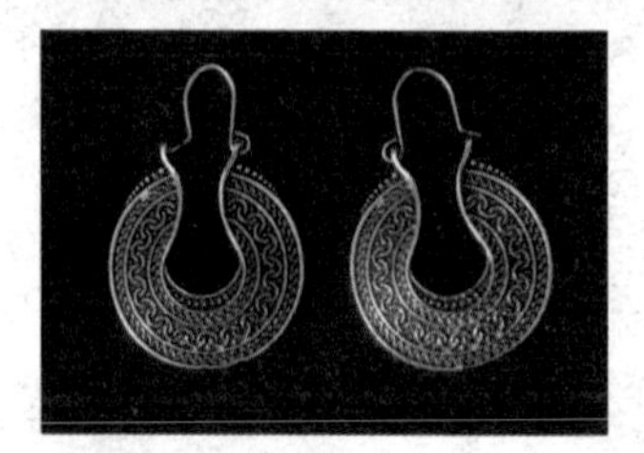

银是导电性最好的金属，因此在一些要求非常精细的电子组件上，就会使用银导电，在电子材料行业中还有一种银漆笔，可以用来涂抹断掉的电路，恢复导电。在一般生活中，银还会拿来制作银饰、太阳眼镜、太阳能板、镜子等，在医疗上，纳米银有不错的杀菌效果，可以杀死650种以上的细菌。

3. 铜

铜是导电能力第二高的金属，且产量较银丰富，因此成为生活中主要的导电金属，常用来制作铜线、电路板上的导电电路。铜在生活中常与其他金属制成合金，可以增加硬度，延长使用时间，常见的有硬币、乐器、K 金和电子组件。

4. 铁

很久以前，铁便是生活中常使用的金属，从早期的铁器至现代利用合金制成的不锈钢，都是铁的应用。因为铁容易生锈腐蚀，所以虽然铁器应用很早，但考古却很难得到完整的铁器，现代工艺多用铁、镍和铬制作出的不锈钢合金，除了硬度提升之外，也耐锈蚀，让器具可以使用更久。

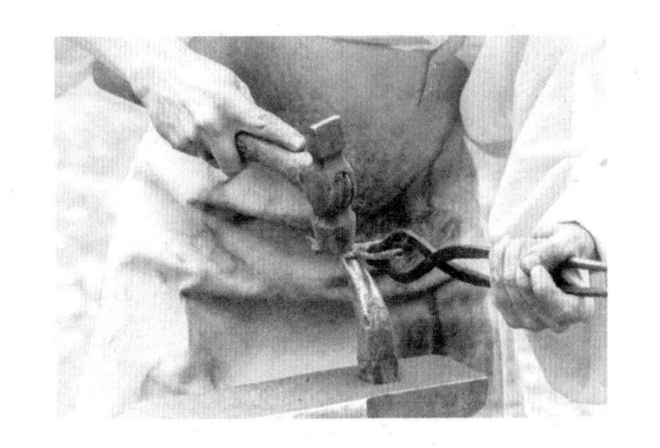

5. 合金

合金是将两种以上的金属或金属和非金属均匀地融合在一起，借此来增加硬度、色泽、保存时间等特别性质。有一种特别的记忆合金，在受热后会回复原来形状，最早开始应用的是以钛镍各占一半的合金，只要加热到 40℃以上，被弯曲的合金，就可以恢复成原来的样子。记忆合金在太空通讯上的贡献卓著。我们在太空所搜集的数据必须通过天线传回地球，但一般金属做的天线体积巨大，不方便载运，可弯曲的记忆合金出现后，解决了这个问题。

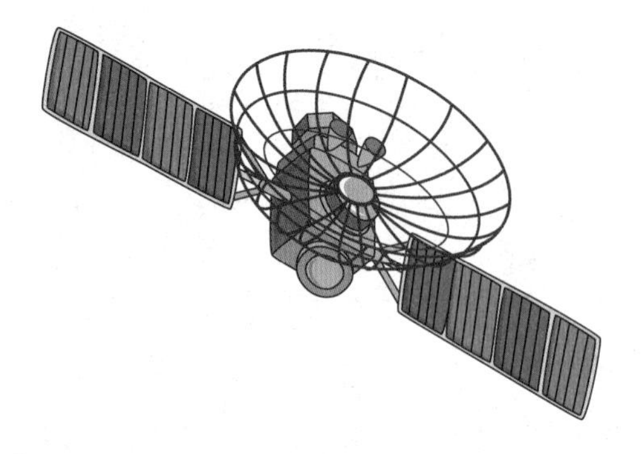

（1）天线太大不方便携带。

（2）使用记忆合金制作天线，并将天线折小。

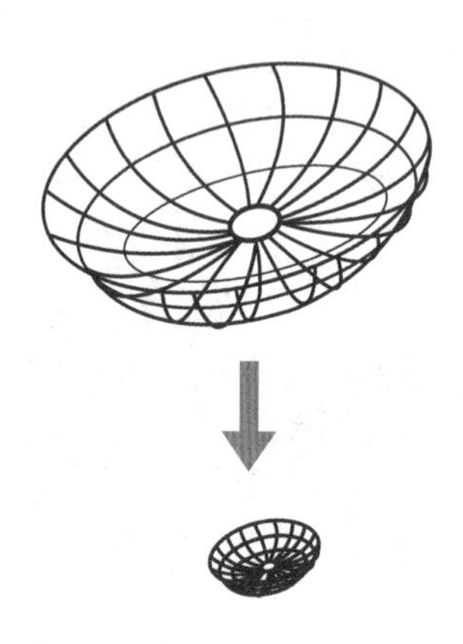

（3）到太空时，受到太阳照射加温，天线恢复成原来大小。

科学好好玩 31 神奇炼金术

金银铜，随身变

锌粉会溶于氢氧化钠水溶液中，并且形成锌离子，锌离子与氢氧化钠反应后，会还原成锌附着在铜币上。锌附着在铜币外表形成银色的硬币，此时拿硬币去加热，锌和铜熔化混合在一起，形成金黄色的黄铜，就像黄金一样。

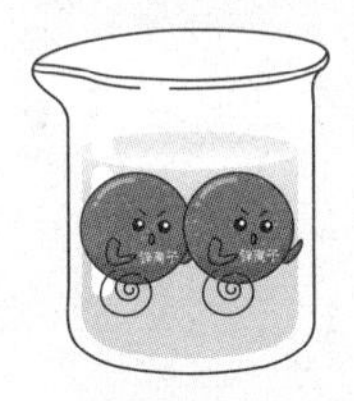
氢氧化钠溶液

铜币

难易度	★★★★★
家长陪同	■必须　□可自主

实验材料

1. 烧杯

2. 铝箔纸

3. 氢氧化钠

4. 一元硬币

5. 酒精灯

6. 杯子

7. 锌粉

8. 夹子

实验步骤

1 在烧杯中装入250毫升水，加入60克氢氧化钠，再加入5克锌粉。

2 加入一元硬币。

3 用铝箔纸将烧杯口盖住，并将烧杯放在酒精灯上加热至接近沸腾。

4 一段时间后，用夹子将硬币取出，此时铜币就形成了银色外观。

5 用夹子夹取银色硬币放在火焰上烤，观察硬币变化。

6 硬币变成金色的瞬间，快速丢入装水的杯子中降温。

生活小教室

食衣住行娱乐都靠它

生活中常见的铜合金有白铜、青铜、黄铜等，颜色以及用途都不太相同，但都提高了硬度、耐锈蚀等特性。

种类	黄铜	青铜	白铜
成份	铜锌合金	铜与铅、锡、铝、铍等金属合金	铜镍合金
性质	呈金黄色的合金，耐磨损，可用在精密仪器；声音独特，可做乐器。	硬度高，熔点较低，方便铸造；青铜本身颜色也是偏黄，但因为挖掘出的古青铜器皆氧化成青绿色而得名。	呈现银白色，强度高，抗腐蚀，不生锈，因此常用来制作容器、装饰品和货币。
生活应用	西方的管乐器，东方的锣钹等。	多用于制作机械上的轴承。	货币

科学好好玩 32 海底花园

1

2

3

4

难易度	★★★☆☆
家长陪同	□必须 ■可自主

实验材料

1. 明矾

2. 氯化亚钴

3. 硫酸亚铁

4. 硫酸铜

5. 水玻璃（泡花碱）

6. 玻璃瓶

实验步骤

1 将水与水玻璃以5:1的比例加入瓶中。

2 盖上瓶盖摇晃瓶身，将溶液混合均匀。

3 在溶液中，依次加入氯化亚钴（紫色）、硫酸亚铁（绿色）、硫酸铜（蓝色）、明矾（白色）。

4 静置瓶子，观察各种药剂的生长状态。

凭空生长的树

生活小教室

为什么水里可以无中生树呢？是因为药剂中的金属离子碰到水玻璃中的钠离子后，会和钠离子交换，形成半透膜。半透膜上有小孔，水从小孔不断地进入，当半透膜承受不住就会爆开。爆开后，水玻璃重新和药剂反应形成新的半透膜;水又继续将半透膜撑开。如此反复生长、破坏，就会越长越高了喔！

科学好好玩 33 自制仙女棒

为什么仙女棒会喷出亮亮的火花?

仙女棒中含有硝酸钾、碳粉、镁粉以及铁粉，硝酸钾燃烧时，会放出氧气供给碳粉、镁粉以及铁粉燃烧，镁粉燃烧时会放出强烈光芒，喷出的亮亮火花，则是铁粉燃烧时所放出的喔！

难易度	★★★★☆
家长陪同	■必须 □可自主

LESSON 11

实验材料

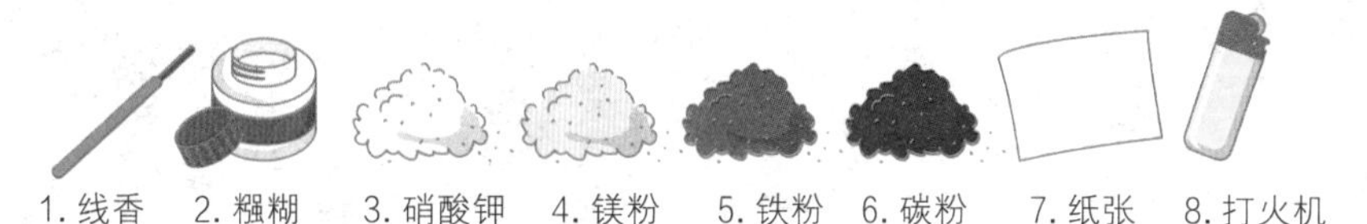

实验步骤

1 将镁粉、铁粉、碳粉、硝酸钾依照比例 2:1:1:3 均匀混合。

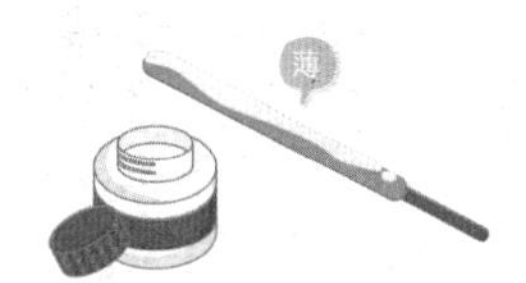

2 将线香均匀涂上糨糊（不可太厚，否则不容易干）。

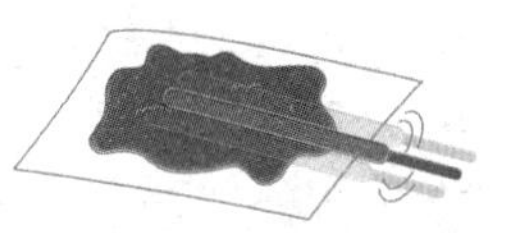

3 将线香均匀沾上步骤 1 的混合粉。

4 静置一段时间，等待干燥。

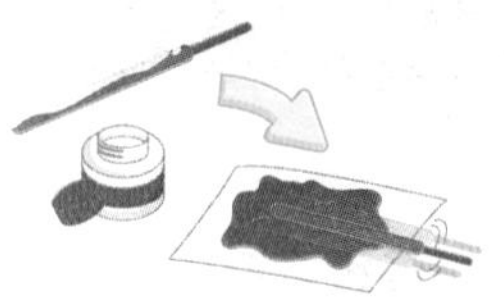

5 重复步骤 2、3，裹上第二层粉末。

6 等完全干燥之后，就可以点燃，观察仙女棒的反应。

生活小教室

闪光灯的前身

镁光灯是早期摄影师在光线不足时，燃烧金属镁放出的强烈白光，作为摄影时的光线辅助，所以称镁光灯，但现在的电子相机都以电子闪光灯取代了镁光灯。

7 月

创意玩科学

氧化还原与电解质

学化学时，读到书上的各种反应，虽然很想实际操作，可是看到大量的化学药剂，又觉得很可怕。其实在生活中，就有许多化学反应发生，并非一定要进到实验室才能制作，不论氧化还原（呼吸、光合作用、铁生锈等），或是电解质（同时也是人体很重要的成份），只要利用一些简单相似的物质，就可以在家里自己动手做实验。

美希想要尝试自己烤蛋糕，但是用烤箱好像很麻烦，家里也没有烤箱，怎么办？爸爸说他有个好方法，只要有纸盒和电线就可以了！是什么方法，这么神奇？

科学好好玩㉞：自制暖暖包

为什么暖暖包会发热？原来是生活中很常见的铁氧化现象，但是为什么铁生锈的时候，我们却感觉不到热呢？自己动手做暖暖包就知道了。

科学好好玩㉟：白糖蛇

燃烧是一种剧烈的氧化还原反应，在白糖蛇的实验中，我们可以清楚地看到糖燃烧时发生的变化，而最后呈现黑色的碳，便是氧化还原后留下的产物。

科学好好玩㊱：神奇红绿灯

摇一摇黄变红，再摇一摇红变绿，神奇红绿灯利用葡萄糖和靛姻脂之间的化学反应，是化学实验中一种很特别的现象喔！

科学好好玩㊲：电流面包

利用牛奶中的大量离子来进行导电，就可以将面糊蒸熟，不需要烤箱也能烤面包。

科学好好玩㊳：可乐闹钟

可乐也含有电解质，接上电池就可以通电，通过实验我们可以更加了解生活中有哪些电解质的存在。

科学好好玩㊴：人体导电

人体内充满大量的电解质，用来帮助大脑传递信号，那么若是以人体为导体，通过简单的装置，能不能通电让电子表运作呢？

Lesson 12

万物都脱离不了它的掌控！氧化还原反应

什么是氧化还原呢？其实在日常生活中有许多氧化还原的现象，例如：铁生锈、燃烧、老化等，都属于氧化还原反应。广义来说，就是两个物质间丢掉电子和得到电子的反应。

铁是一种活性很大的金属，所以容易和氧发生反应，氧化成铁锈。

燃烧是一种剧烈的氧化反应，可燃物中的物质，在提供足够的能量下（比如用火加热），物质就能与氧发生反应，开始燃烧。

但是，真正的氧化还原不一定要有氧，在化学反应中，如果两种物质之间的电子发生转移，形成共享电子，或是转变成另外新的物质，就称作氧化还原反应，比如金属的氧化还原。

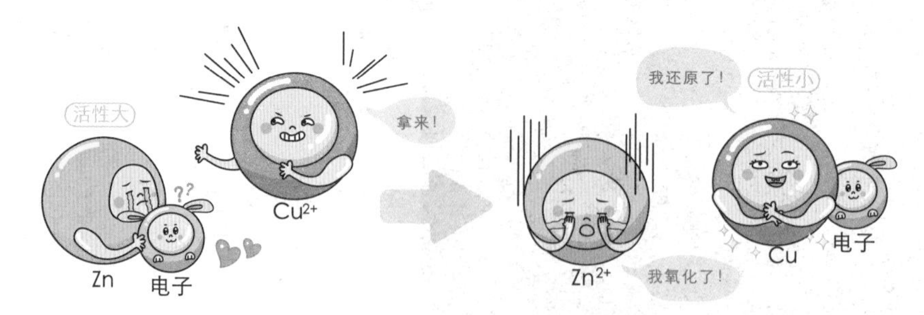

活性大的金属容易失去电子，氧化成金属离子；活性小的金属，离子容易得到电子，还原为金属原子，此种方法常用在电镀上。

人体也会氧化？！

1. 呼吸

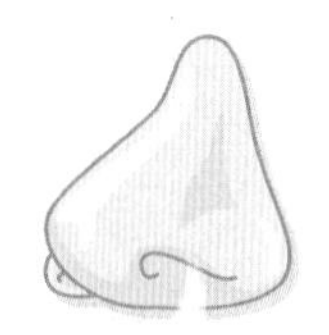

呼吸将氧气吸进肺里后，会进入血管，传递到细胞，给细胞使用，细胞可以通过氧气和身体内的营养（比如糖类），产生氧化还原反应，形成水和二氧化碳，这个过程中会放出能量，供给细胞使用。

2. 老化

身体器官每天都在工作，将我们摄取的营养，转换成生存的能量，将食物变成或转化为能量、肌肉、脂肪、血液、骨骼，我们称为“新陈代谢”，但身体在代谢时，会产生造成老化的凶手：自由基（superoxideradical）。

自由基（比如亚硝酸根 NO_{2^-}）是单独带一个电子在外面的离子，因为非常不稳定，容易和体内细胞组织产生氧化，致使组织细胞失去功能而老化。

驻颜有术，科学最知道

自由基会让人体内的DNA、脂质和蛋白质等发生氧化，使细胞氧化死亡，因此平常可以摄取抗氧化的营养素，比如维生素C、维生素E或β－胡萝卜素，这三种都是很好的抗氧化剂，可以将自由基还原成稳定状态。

● 维生素C让身体产生的自由基还原变成稳定的自由基，还会随尿液排出，不会造成负担累积。番石榴是含维生素C最多的水果，没事多吃番石榴喔！

● 维生素E（坚果类食物即含有丰富的维生素E）可以抑制不饱合脂肪酸氧化，若未及时补充，会让大分子的脂质氧化，沉淀在血管壁上，长久累积下来会造成血管硬化与阻塞。

● β－胡萝卜素的主要食物来源是深绿、黄色的蔬菜和藻类，其中以红萝卜最具代表性，可以预防眼睛老化所带来的疾病。

科学好好玩 34 自制暖暖包

为什么会发热?

暖暖包里面的主要成份为铁粉、活性碳、蛭石和食盐。铁粉跟空气中的氧气结合，放出大量的热。活性碳和蛭石的主要功用为吸附空气中的氧气和水气使铁粉反应，食盐则可以增加反应的速度。

难易度	★★★☆☆
家长陪同	□必须 ■可自主

实验材料

1. 活性碳

2. 食盐

3. 滴管

4. 夹链袋

5. 杯子

6. 蛭石

7. 铁粉

实验步骤

1 将铁粉、活性碳、蛭石依照 3:1:1 的比例放入夹链袋。

2 用杯子装水，并以滴管吸取少量的水加入夹链袋中，再加入一匙食盐。

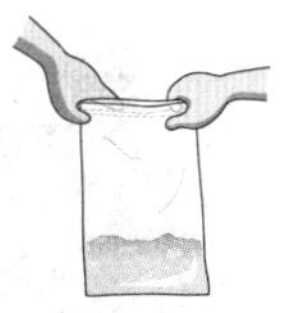

3 封好夹链袋，并均匀混合。

4 感觉到温度上升。

5 当温度降低时，打开夹链袋，与外界空气混合。

6 感觉到温度再度上升。

因为暖暖包是铁和氧气反应放出热量，因此不使用时，只要将暖暖包口封闭，使氧气消耗光之后，就可以暂停反应，等下次要用时，再打开袋子，接触空气就可以再次反应啰!

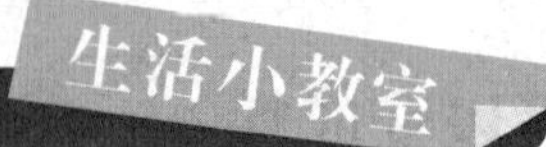

最危险的地方，就是最安全的地方?

铝是一种活性很大的金属，一碰到空气中的氧，就会和氧产生反应，形成氧化铝。氧化铝可以保护内部的铝，不会继续氧化，这种特性也常用来包装食物，避免食物氧化、受潮。

科学好好玩 35 白糖蛇

糖居然可以变成蛇？

糖受热燃烧后会产生碳，碳会比较干燥蓬松，此时混合在其中的小苏打因受热而放出二氧化碳，二氧化碳会带着蓬松的碳往上走，因而形成一条黑蛇。

注意！操作时，请准备一条湿抹布在旁边，以备不时之需喔！

难易度	★★★★☆
家长陪同	■必须 □可自主

实验材料

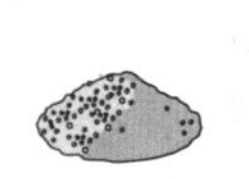

1. 铁盘　2. 沙子　3. 方糖　4. 打火机　5. 酒精　6. 小苏打

实验步骤

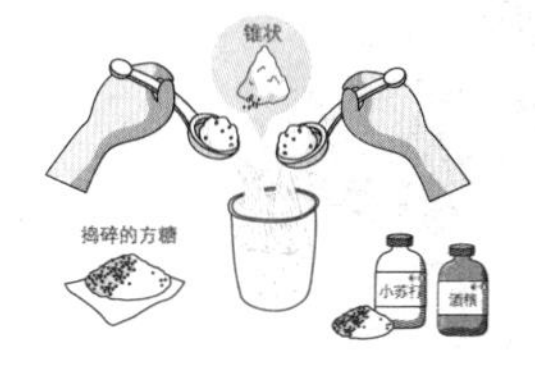

1 将方糖捣碎与小苏打以4:1的比例混合，倒入酒精湿润混合的粉末后，捏成锥状。

2 将铁盘铺上沙子，倒入些许酒精。

3 放上刚做好的白糖锥。

4 点燃糖锥的尖端，观察白糖蛇的变化。

还有什么会膨胀呢？

生活小教室

蛋糕、油条等食物为了增加口感，会使用膨松剂来让食物软化蓬松，一般来说，可以加入酵母、泡打粉和小苏打粉。

●酵母

酵母菌在缺氧的环境中，会将糖类转成二氧化碳和酒精来获得能量，因此面包会添加酵母菌来发酵面团，利用酵母菌所产生的二氧化碳来使面团蓬松。

●泡打粉

泡打粉其实也有含小苏打粉，其中差别在于泡打粉会另外添加酸性物质，发出的二氧化碳蓬松的效果更强，因此常用在蛋糕上。早期泡打粉含铝，可以让蓬松的效果更好，但食用过多会造成记忆力衰退或骨质疏松，现在法令已经明文规定，禁止有关含铝的添加物了。

科学好好玩 36 神奇红绿灯

千万要小心!

使用溶液为强碱，请小心使用，而且盖紧盖子后，才可以摇晃。

难易度	★★★★☆
家长陪同	■必须　□可自主

实验材料

1. 靛胭脂

2. 葡萄糖

3. 氢氧化钠

4. 烧杯

5. 水

6. 小瓶

实验步骤

1　制作溶液A：将5克氢氧化钠和3克葡萄糖一起溶入250毫升水中。

2　制作溶液B：将1克靛胭脂溶入100毫升水中。

3　混合A、B溶液，倒入小瓶中，观察颜色变化。

4　当颜色变化完成后，再摇一摇，看看其他变化。

生活小教室

暗藏玄机！摇摇就会变色的水？

实验中使用的靛胭脂在碱性环境下会呈现黄色，与氧反应氧化后变成绿色，溶液中的葡萄糖又会将绿色的靛胭脂还原成红色，接着会还原成原来的黄色，如此不断地循环。

❶靛胭脂在碱性溶液中为黄色。

❷经过和空气中的氧反应后氧化，形成绿色状态。

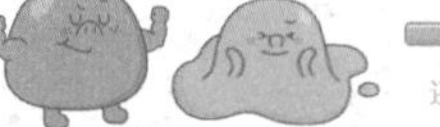

❸溶液中的葡萄糖会将靛胭脂还原成红色的中间产物。

❹最后再还原成黄色的氧化态。

靛胭脂在医学上可以用来检验肿瘤，将靛胭脂注射进身体中，如果身体内有肿瘤，凹凸不平的面会让靛胭脂黏在肿瘤上。如果没有肿瘤，靛胭脂将会随尿液排出体外。

Lesson 13

不用烤箱也能烤面包！没想到电解质可以这样用！

电解质是指溶于水后可以导电的物质，以食盐为例，盐由钠和氯组合而成，溶于水后会形成带正电的钠离子（Na^+）和带负电的氯离子（Cl^-），我们就可通过带电的离子来导电。

为什么常说要补充电解质？

人体内包含着丰富的电解质，这些丰富的电解质存在于血液和细胞中，帮助维持生理机能。通常人体在运动或大量流失水分后（如腹泻），排出的水分会带走大量的电解质，因此我们可以通过运动饮料或是盐水来补充流失的电解质。

人体不可或缺的电解质

离子	体内水分控制	神经传导	肌肉收缩	骨骼牙齿	其他
Na^+（钠）	V	V	V		渗透压的维持、酵素活性化、细胞外液的维持
Cl^-（氯）	V				胃酸合成
K^+（钾）		V			心肌收缩
Mg^{2+}（镁）			V	V	酵素活性化
Ca^{2+}（钙）		V	V	V	血液凝固

我们可以从食物中摄取电解质，如酱油、牛奶、蛋、动物内脏、五谷、蔬菜、水果等，电解质不论是缺乏或过量都对人体有影响，例如：人类每日摄取钠的建议量为1400-1800毫克，相当于4-5克盐，需适量摄取。

养生、烘焙、刷浴室，电解质无所不在

日常生活中有许多电解质，比如盐、酸性和碱性溶液都是电解质，酸性溶液在水中会解离出氢离子（H^+），碱性溶液会产生氢氧根离子（OH^-）。

●水果

许多的水果里面都富含酸性的电解质，比如说柠檬和柑橘类水果里面就含有酸性的柠檬酸，此类水果也是电解质喔！

●可乐

可乐的气泡是利用高压将气体的二氧化碳压到液态的可乐中，二氧化碳溶于可乐后会产生酸性的碳酸（H_2CO_3），可乐中还有另外一种酸性成份磷酸（H_3PO_4），因此可乐是酸性的电解质。

●盐

酸碱值	中性
带电粒子	钠离子（Na^+）、氯离子（Cl^-）
应用	调味、维持身体机能

●醋

酸碱值	酸性
带电粒子	醋酸根离子（CH_3COO^-）、氢离子（H^+）
应用	调味、清洗金属制品、清洗热水瓶

●盐酸

酸碱值	酸性
带电粒子	氯离子（Cl^-）、氢离子（H^+）
应用	清洗浴室

●小苏打（$NaHCO_3$）

酸碱值	酸性
带电粒子	碳酸氢根离子（HCO_3^-）、钠离子（Na^+）、氢氧根离子（OH^-）
应用	胃药、面包烘焙、灭火器

科学好好玩 37 电流面包

牛奶通电烤面包？

牛奶中含有钙、钾、钠等离子，通电后，通过离子的流动而导电，就像多数电器使用时一样，电流会产生大量的热，使得面包逐渐蒸熟，等到面糊里的水份蒸发完毕，离子不能自由流动导电的时候，面包就完成了！

难易度	★★★★★
家长陪同	■必须 □可自主

实验材料

1. 松饼粉　2. 饮料纸盒　3. 牛奶　4. 电线　5. 鳄鱼夹

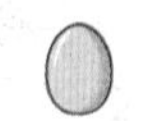

6. 不锈钢片　7. 鸡蛋　8. 搅拌棒　9. 纸盘

实验步骤

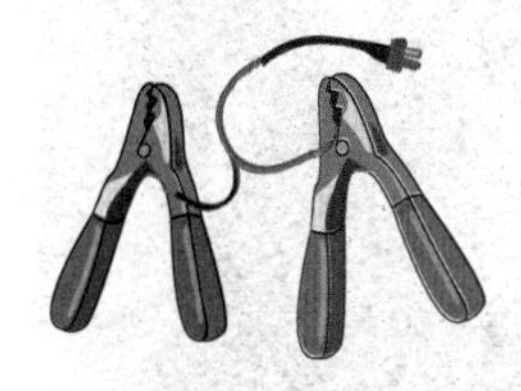

1 将电线连接上鳄鱼夹。

2 把1颗鸡蛋、1.5杯松饼粉、1杯牛奶倒入饮料纸盒中，搅拌均匀。

3 将事先备好的不锈钢片放入纸盒两侧。

4 用鳄鱼夹夹住不锈钢片和纸盒，固定好钢片的位置，确认装置无误后接上电源，静置8分钟。注意！不锈钢片要夹好，如果倒下接触会造成短路，引发危险喔！

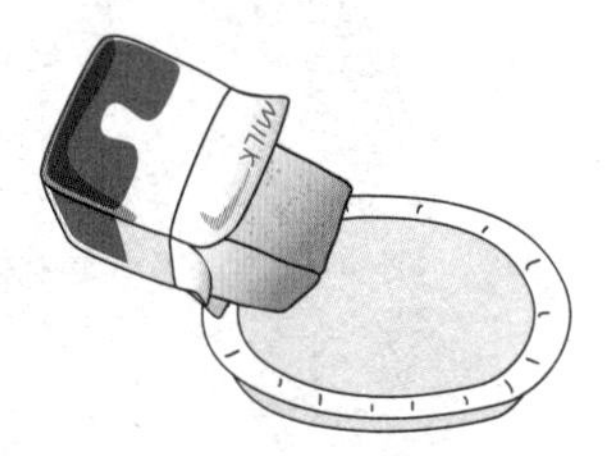

5 观察面包表面，当面团不再冒出水蒸气时就完成了！

注意：通电时，千万不可以直接触碰任何金属装置，会发生触电危险！

科学好好玩 38 可乐闹钟

铁钉 + 铜板 + 可乐 = 电池

可乐是一种酸性电解质，将不同活性大小的铁钉和铜板放入可乐中会产生氧化还原反应，此时的可乐装置就像是电池一样，能够放出电，使电子钟运作。

难易度	★★★☆☆
家长陪同	□必须 ■可自主

LESSON 13

实验材料

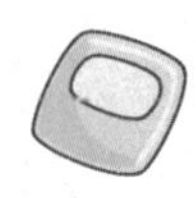

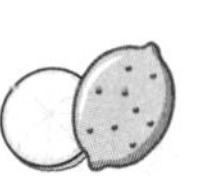

1. 可乐　2. 鳄鱼夹电线　3. 电子钟　4. 一枚铜币　5. 铁钉　6. 柠檬

实验步骤

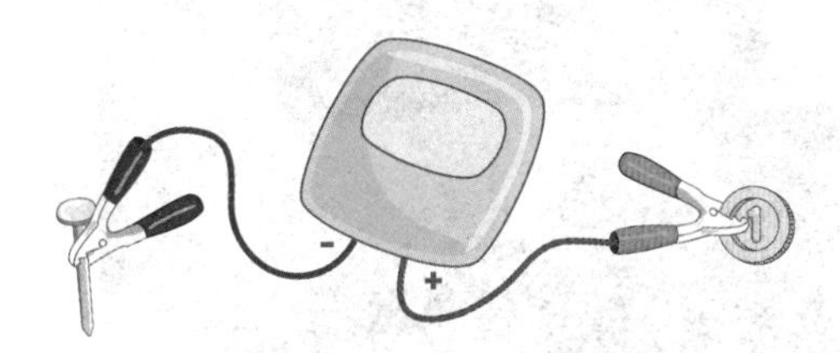

1 将黑色鳄鱼夹夹上铁钉，另一端连接电子钟的负极，红色鳄鱼夹夹上铜币，并接上电子钟的正极。

2 将铁钉和铜币插入可乐中，观察电子钟的反应。

为什么叫“干”电池?

生活小教室

在电池一开始发明的时候，在正负极之间会有电解质溶液以维持电池的运作，如汽车中的电瓶。现代的干电池，将电解质溶液变成糊状物包在电池内，变得干燥可以方便携带，所以才会称为干电池！

● 碱性电池的内部构造

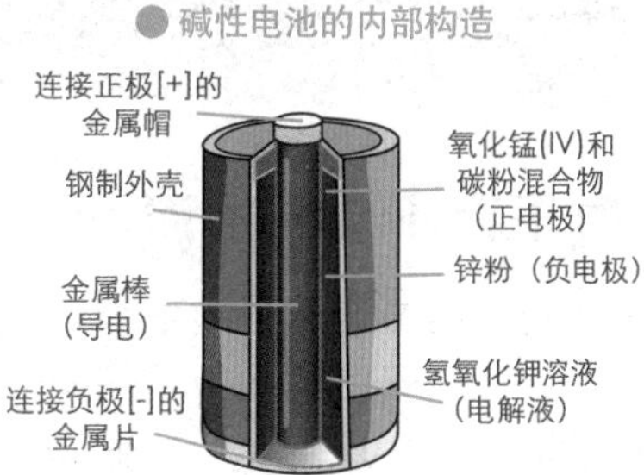

科学好好玩 39 人体导电

手湿时千万不要碰插座！

人体内包含着丰富的电解质，这些带电的离子除了维持身体机能或是帮助大脑传递信号外，也让人体成为一种导体，因此使用电器时，要特别小心，避免潮湿而触电。

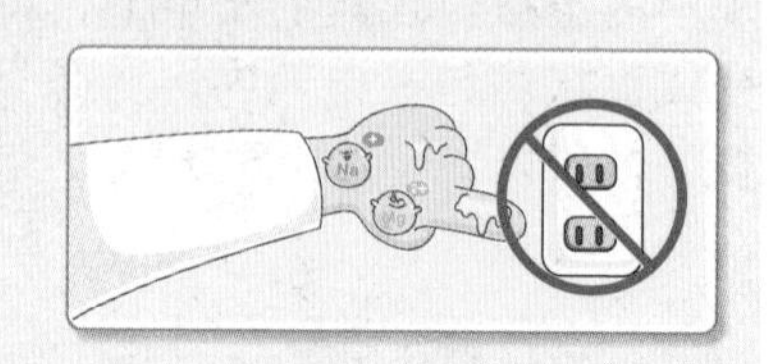

难易度	★★☆☆☆
家长陪同	□必须 ■可自主

实验材料

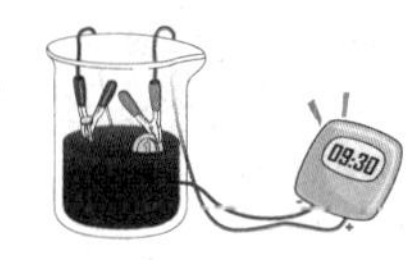

1. 可乐闹钟实验组

2. 人

实验步骤

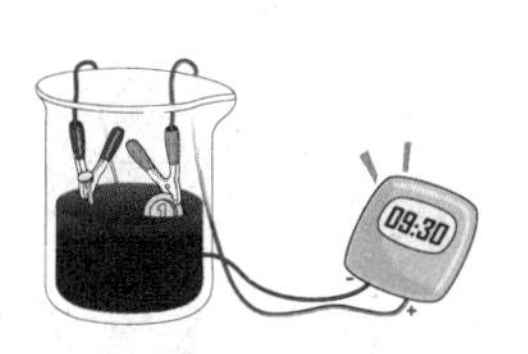

1 将可乐闹钟实验组组好。

2 将导线与电子钟的正极分开。

3 一个人右手握着电子钟正极，另一个人左手握着导线。

4 两人将空着的手互相接触，电子钟是否可以运作呢？如果电子钟不会亮，请检查正负极是否接对，也可以增加可乐电池的串联数量，或是将两人接触的手沾上可乐。

生活小教室

人体中的电解质

● **神经电流**

大脑等中枢神经要发出指令时，神经细胞会先产生生物电流，这些电流信号就是依靠人体内大量的电解质来传递，所以当人体内电解质失衡时，会造成人体出现不适症状。

● **水中毒**

什么是水中毒呢？并不是指喝的水里有毒，而是指水喝得太多，造成身体的电解质浓度过低，进而使得身体的机能信号传递出了问题，导致头晕、呕吐、失明，甚至死亡。

● **脚抽筋**

睡到半夜脚抽筋是非常痛苦的一件事，脚抽筋发生的原因有许多种，其中一种就是因为人体内的电解质失衡所造成的。

8月 创意玩科学

酸碱与反应速率

延续上个月的内容，我们继续来看看化学反应以及影响化学反应的因素，学校的课程充满烦琐的计算，但如果通过自己在家动手做一些小实验，并学着去计算药剂的使用量，对于学习来说更事半功倍。例如：生活中有许多的酸与碱，究竟它们拥有什么特性呢？而说到化学反应，就不能不知反应速率，它也可以通过一些实验，具体观察。

铮铮吃咖喱的时候，不小心滴在衣服上了，赶快去洗手台用肥皂洗一洗，但是……咖喱的印子怎么变成粉红色了呢？是肥皂坏了吗？

科学好好玩40：隐形墨水

会隐形的墨水？听起来很神奇，其实是利用酸碱中和的效果。用隐形墨水写一段秘密信息给朋友吧，十秒以内要读完！

科学好好玩41：泡澡球

泡澡球制作简单又不费时，在家自己做很划算！只要有小苏打和柠檬酸就行，不但实用，也可以借此观察小苏打碰到酸性物质所产生的现象。

科学好好玩42：咖喱彩画师

认识酸碱指示剂也是学习酸碱非常重要的一环，在生活中有许多天然的指示剂，通过这个小实验，可以好好观察指示剂对酸碱产生的反应。

科学好好玩43：咻声瓶

不论视觉效果或是听觉效果都很惊人的咻声瓶，做起来很有趣，但要小心安全。

科学好好玩44：电池生火

用电池也可以生火？原来电流短路是这么一回事。在这个实验中，还可以观察到物质的粗细大小对反应速率的影响。

科学好好玩45：维生素 C 检定

在化学实验中，经常会将药剂泡成溶液来进行反应，在维生素 C 的实验中，可以利用片状的维生素 C 和磨成粉状的维生素 C，以及液体的柠檬汁，来明显观察液态和固态对反应速率的影响喔！

Lesson

14 写完会自动隐形的墨水？当酸遇上碱！

分辨物质的酸碱，并不是凭着口感来判断，一般来说我们把会在水中分解出氢氧根离子（OH^-）的物质称为碱性物质，会在水中分解出氢离子（H^+）的物质称为酸性物质，不会分解出这两者的便称为中性物质。

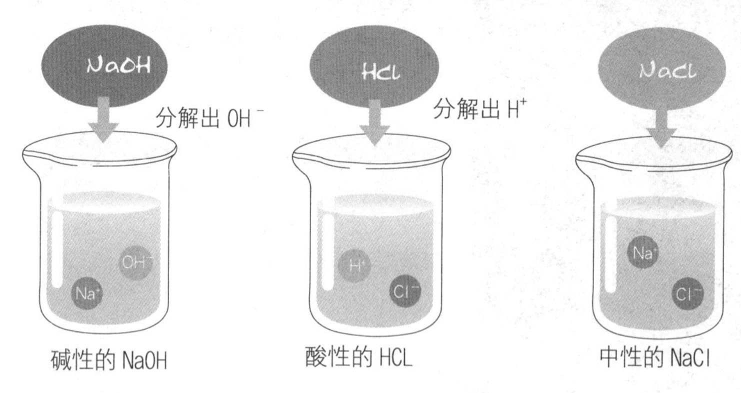

碱性的 NaOH　　酸性的 HCL　　中性的 NaCl

pH 值是什么？

pH 值是用来表示溶液酸碱度的一个指标，是透过 H^+ 浓度换算而来。H^+ 和 OH^- 浓度的乘积，在同温下是固定的，当 H^+ 浓度比 OH^- 低时，就是碱；H^+ 浓度比 OH^- 高时，就是酸；当 H^+ 浓度和 OH^- 相等时，则为中性。

1 H^+和 OH^- 浓度相等，pH 值 7 为中性

2 H^+ 浓度大于 OH^- 浓度，pH 值小于 7 为酸性

3 H^+ 浓度小于 OH^- 浓度，pH 值大于 7 为碱性

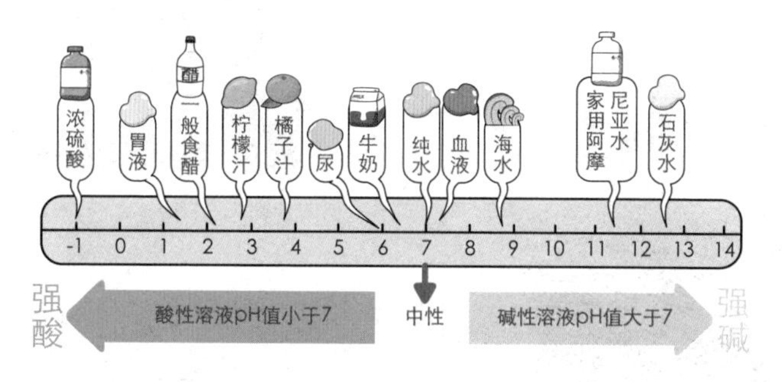

怎么知道是酸还是碱?

酸碱指示剂是以颜色变化来测量溶液的酸碱性，实验室中常见的酸碱指示剂有酚酞指示剂、石蕊试纸、酚红指示剂、溴瑞香草蓝和广用试纸等。

碱	遇酸	遇碱
酚酞指示剂	无色	pH 值大于 8.2 呈粉红色
石蕊试纸	红色	蓝
百里酚酞	无色	pH 值大于 10 呈蓝色
溴瑞香草蓝	黄色	蓝

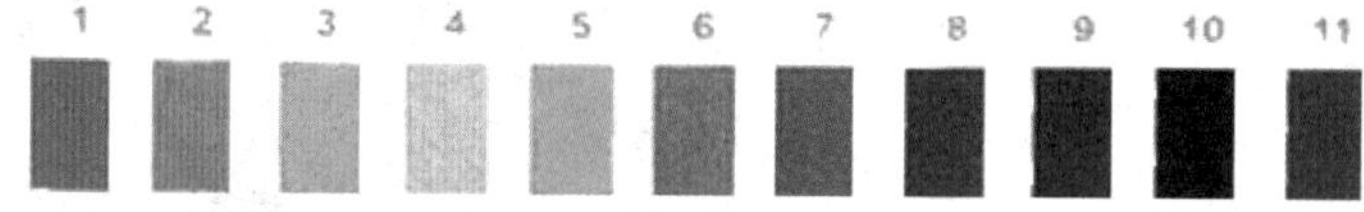

广用试纸

家庭清洁酸碱有秘方

家庭中的脏污可分为酸性和碱性，在清洁时可以针对污垢选择清洁剂，利用酸碱中和来加强清洁的效果。

	酸性污垢	碱性污垢
生活常见	厨房油垢、茶垢、汗渍等	厕所尿垢、皂垢、鱼腥味、烟味
清洁剂选择	以碱性为主	以酸性为主
常见清洁剂	肥皂、漂白水、小苏打、洗涤灵	盐酸、柠檬酸

不过，不当混用清洁剂的危险性很大，大部分浴室使用的清洁剂都含有盐酸类的成份，若和常用来漂白衣服或消毒环境的漂白水混合使用，会发生化学作用释放出有毒的氯气，造成呼吸道及眼睛黏膜的伤害，盐酸和漂白水虽然都是极为普通的居家常用清洁剂，在使用上却不可不慎。

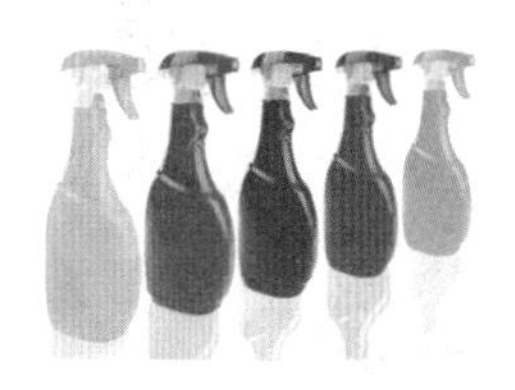

科学好好玩 40 隐形墨水

不见了！隐形的酸碱魔法

隐形墨水的成份为碱性溶液加上百里酚酞指示剂，泼到布上时，会使布变成蓝色，但过了一段时间后，空气中的二氧化碳会与碱性溶液反应，酸碱中和下，使得碱性减弱，当 pH 值降到 10 以下时，蓝色就会消失变成无色了。

难易度	★★★★☆
家长陪同	■必须 □可自主

实验材料

1. 杯子 2. 百里酚酞 3. 氢氧化钠 4. 水 5. 搅拌棒 6. 白毛巾

实验步骤

1 将1克的氢氧化钠，倒入100克的水中，搅拌溶解。

2 滴入百里酚酞指示剂，溶液会变成蓝色。

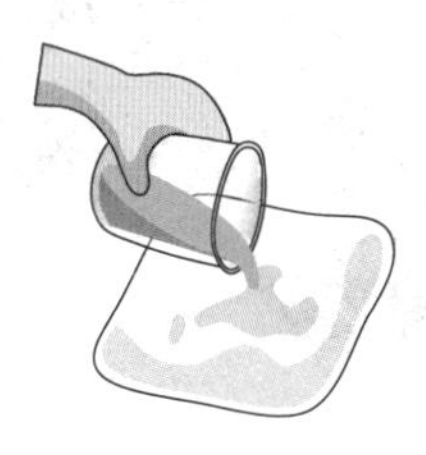

3 将调好的溶液泼到白毛巾上并静置。

4 过一段时间后观察，颜色是否隐形了呢？

生活小教室

好玩也实用的酸碱中和

● 恶作剧墨水

有一种恶作剧用的玩具墨水，就是利用这种药水制作而成，将药水泼到别人身上，过一段时间就会变回无色了。

● 胃药

胃里的消化液主要是盐酸，有时胃酸分泌过多，会造成胃部不舒服，吃下碱性的胃药后，将过多的胃酸中和就可以舒缓胃部不适。

● 蚁酸

有时被虫蚁咬伤时，患部会红肿发痒，这是因为虫体内的蚁酸跑进伤口了，以前长辈会用尿液去涂抹，就是利用尿液中的碱性氨水将蚁酸中和，达到消肿的效果。

酸碱中和

科学好好玩 41 泡澡球

泡泡浴自己做！简单又省钱

小苏打是一种碱性物质，遇到酸性的柠檬酸时，会放出二氧化碳，产生大量的气泡，且两种物质都有非常好的清洁效果，是天然的清洁剂。

难易度	★★★★☆
家长陪同	□必须 ■可自主

实验材料

1. 小苏打

2. 柠檬酸

3. 玉米粉

4. 模具

5. 小盆子

6. 色素

7. 甘油

8. 小玩具

实验步骤

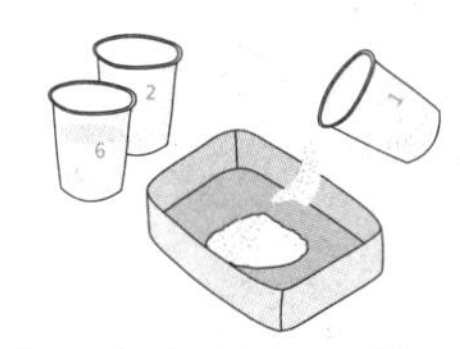

1 将小苏打、柠檬酸、玉米粉以6:2:1的比例倒入小盆子中。

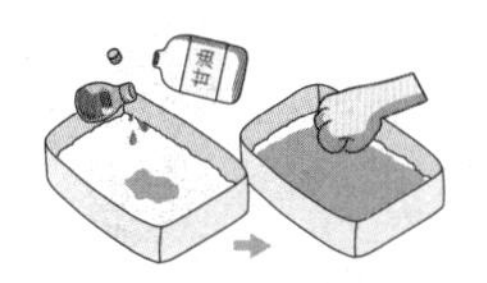

2 加入适量甘油、色素后，以手搓揉混合。

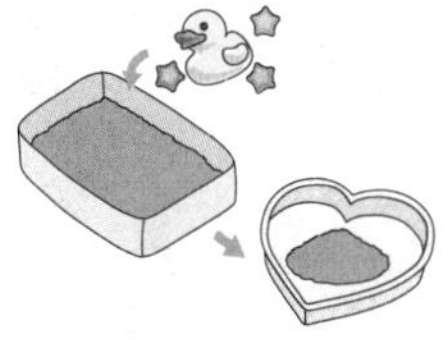

3 可放入喜欢的小饰品或玩具，混合均匀后，装入模具中。

4 三小时后就可取出使用。使用时丢入热水中，等泡澡球全部溶解，刚刚藏入的小玩具就现形了！

除了洗澡还能做什么？？

生活小教室

“小苏打”又称为碳酸氢钠，属于弱碱性，是制作糕点时常会用到的食材，并且能够自然分解，没有毒性，不会污染环境，也能当作非常环保的清洁剂，用途多多！例如：放在冰箱可以除臭，用来刷洗锅具、去污，甚至加入水中可以软化水质。

“柠檬酸”则是一种白色晶体粉末。一般柑橘属的水果中都含有较多的柠檬酸，特别是柠檬和青柠（含量可达8%）。我们使用的柠檬酸，大多是从微生物（青霉菌、黑曲霉）提炼出来的，柠檬酸常被用作饮料添加剂，诸如果汁、啤酒、汽水，但也能用来清洁皂垢及水垢，除去厕所臭味及烟味，甚至洗衣时加入，可以软化衣物，预防泛黄喔！

科学好好玩 42 咖喱彩画师

用肥皂涂咖喱会变成红色?

咖喱中所含的姜黄是一种天然的指示剂，碰到碱性物质时，会呈现红色，所以我们可以拿碱性的肥皂在咖喱布上画画，如果画错了，只要用酸性的柠檬涂抹，酸碱中和下就可以将画错的地方涂掉喔!

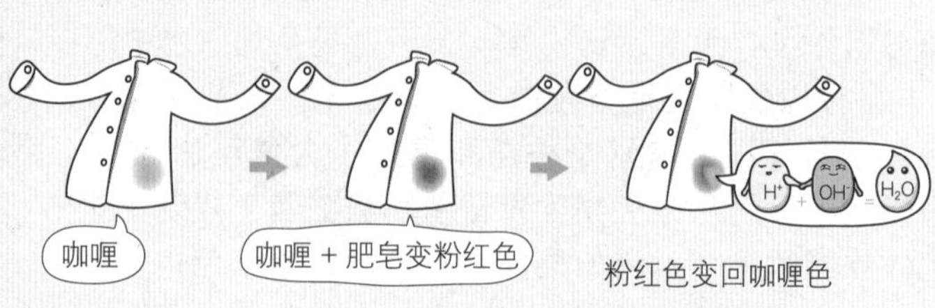

难 易 度	★★☆☆☆
家长陪同	□必须 ■可自主

实验材料

1. 纱布

2. 咖喱粉

3. 柠檬

4. 肥皂

5. 烧杯

实验步骤

1 将咖喱粉倒入热水中。

2 将纱布放入浸泡半小时。

3 浸泡完取出并清洗。

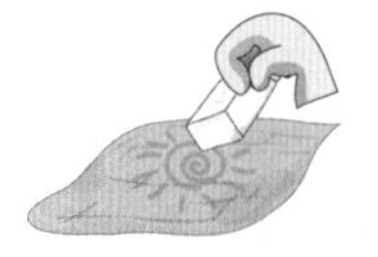
4 用肥皂任意涂鸦。

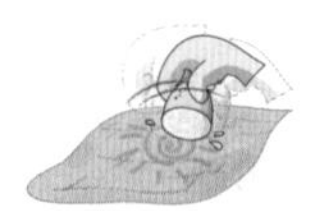
5 用柠檬在涂鸦处擦拭。

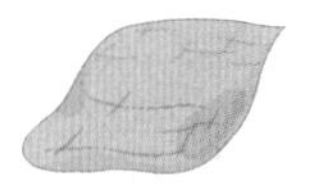
6 涂鸦消失了！

生活小教室

彩色多变的天然酸碱指示剂

生活中常见的天然酸碱指示剂，随着酸碱性会变化出非常多的颜色。

常见的天然酸碱指示剂	遇酸碱的变化 酸 ⟷ 碱		检测酸碱的成分
胡萝卜	橘红色渐浅	橘红色渐深	类胡萝卜素
紫甘蓝	红色	蓝色	花青素
红凤菜	红色	绿色	花青素
咖喱粉	不变色	红褐色	姜黄

Lesson 15

快速燃烧或是温水煮蛋？可操控的反应速率

反应速率是指化学反应进行的快慢，通常会以反应物或生成物每一秒中所消耗或是产生的量来表示，影响反应速率的因素有化学反应的种类、接触面积、浓度、温度和催化剂等。

化学反应有哪几种？

大多数的化学反应都牵扯到化学键的破坏与生成，比如酸碱中和，H^+ 和 OH^- 结合形成化学键，产生 H_2O，这就是比较快的化学反应；如果是牵扯到要破坏键的化学反应，比如酯化反应，也就是醋酸加乙醇，形成醋酸乙酯 $CH_3COOH+C_2H_5OH>CH_3COOC_2H_5+H_2O$，这类的化学反应，就必须破坏化学键重新组合，因此反应完成的比较慢。

一般来说，在室温下，反应速率的快慢通则为：酸碱中和反应 > 离子沉淀反应 > 氧化还原反应（键破坏越多则越慢）> 有机反应（如酯化、卤化等）> 燃烧反应（活化能高）。

快慢谁来决定？

● 接触面积

化学反应需要物质的粒子接触，才会发生反应，因此只要我们能够增加粒子的接触面积，就能让更多的粒子一起发生反应，比如烤香肠时，如果没有切割，火只能燃烧到香肠表面，熟得会比较慢；如果将香肠切开，便能让香肠内部也接触到火源，香肠就会比较快熟了。

● 浓度

浓度增加时，表示物质粒子越多越拥挤，此时粒子互相接触碰撞的几率就会变大，使化学反应的速度加快。

● 温度

当温度不同时，物质粒子运动的速度便会不一样，以水来说，在不同的温度下，除了状态不同之外，水分子移动的快慢也会不一样喔。

温度越高，粒子移动得越快，表示粒子的运动能量越高，能够发生化学反应的粒子就越多，反应速率就会越快。以煮蛋来说，在60℃时，蛋里的蛋白质就会开始变性煮熟，但是可能需要几十分钟，甚至一个小时以上，如果用100℃的滚水来煮蛋，只需不到10分钟的时间，蛋就变熟了。

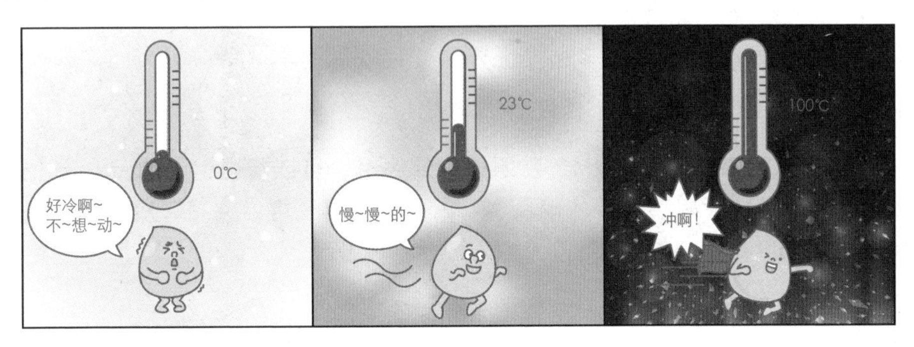

● 催化剂

在化学反应中，添加催化剂可以改变反应速率，不同的催化剂甚至会产生不同的生成物，以分解双氧水来说，如果添加的催化剂是二氧化锰，可以加速双氧水分解成氧气和水，但如果加入的催化剂是甘油，则会降低双氧水的分解速率。

催化剂具有选择性，不同的催化剂，只会对特定的化学反应起作用，比如将分解双氧水的催化剂二氧化锰，加入制作氨的反应中，并不能加快氨的制作喔！

1. 人体内的催化剂

人体内的催化剂称为酶或酵素，通常用来帮助分解一些较大的分子，比如唾液中的淀粉酶，就可以帮助分解淀粉，将淀粉分解成较小的麦芽糖，所以米或馒头等淀粉类食物咀嚼一段时间后，便会尝到甜味，胃液中含有的蛋白酶，可以加速蛋白质的分解。

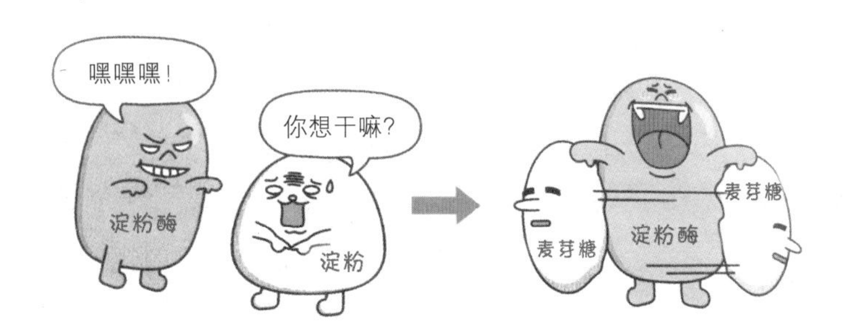

2. 工业上的催化剂：触媒

工业上的催化剂称为触媒，触媒可以加速化学反应，提高产品的效率，甚至降低产品的耗能。此外，有一些触媒可以分解污染物，减少环境污染，在工业上约有 80% 的产品生产需要触媒的帮助。触媒可谓功不可没。

3. 光触媒

我们常听到的光触媒（二氧化钛），在照射紫外线时，可以将空气中的污染源（碳氢化合物、一氧化碳），分解成无害的二氧化碳及水，因此现在有些地方会将二氧化钛混在油漆里，涂抹在墙壁上，提高环境质量喔！

光触媒的原理

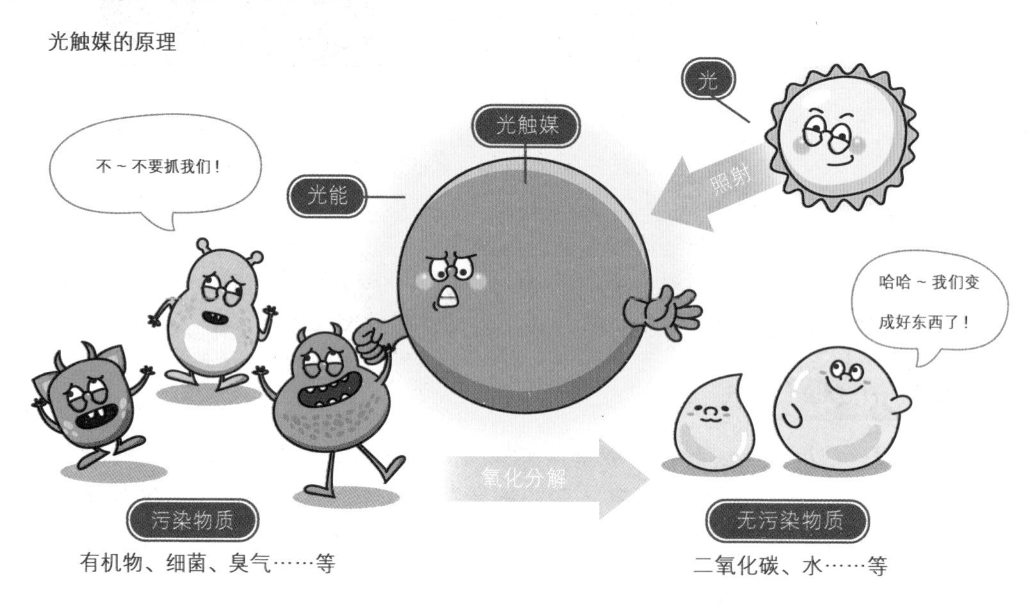

光触媒在照光后能消减细菌病毒、除臭、除污、除雾，并且产生没有毒性的 CO_2 及水。

咻声瓶

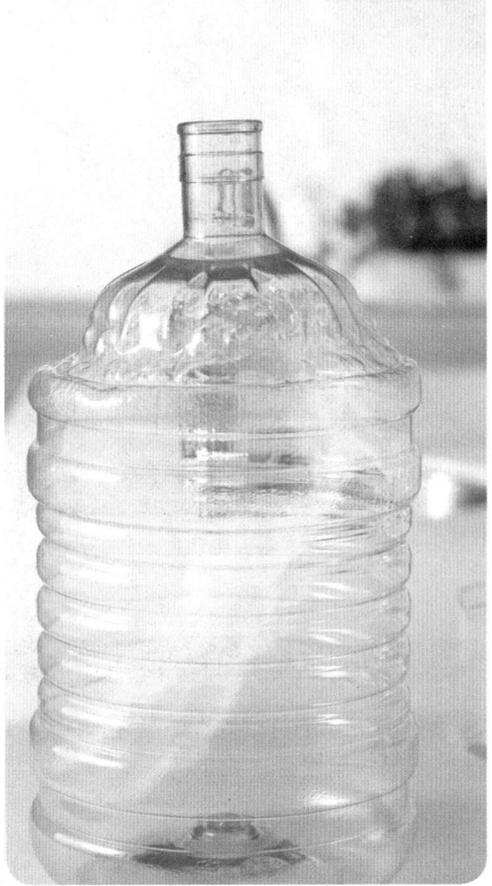

咻！听得到燃烧的声音！

如果我们直接点燃酒精，火只会在酒精的表面燃烧，在咻声瓶实验中，先摇一摇，让瓶内充满酒精蒸气，提高酒精的接触表面积，此时只要一点燃，酒精蒸气会把燃烧的能量互相传递，将瓶内的蒸气快速点燃。

难易度	★★★★★
家长陪同	■必须　□可自主

实验材料

1. 酒精　2. 长柄打火机　3. 空矿泉水瓶　4. 湿抹布

实验步骤

1 将少许酒精倒入空矿泉水瓶中。

2 摇晃矿泉水瓶，让酒精蒸气均匀分布在里面。

3 将多余的酒精倒出，并移开。

4 将瓶子摆正后，对着瓶口点火。

5 观察瓶中的现象和瓶口的声音。

生活小教室

超危险的瞬间燃烧：尘爆

尘爆是指细小的可燃粉尘，在空气中扬起后，到达燃点，开始燃烧，因为接触面积大，浓度够，所以一旦发生，大量的粉尘一起燃烧，放出强大的能量，往往会造成很大的灾害。

科学好好玩 44 电池生火

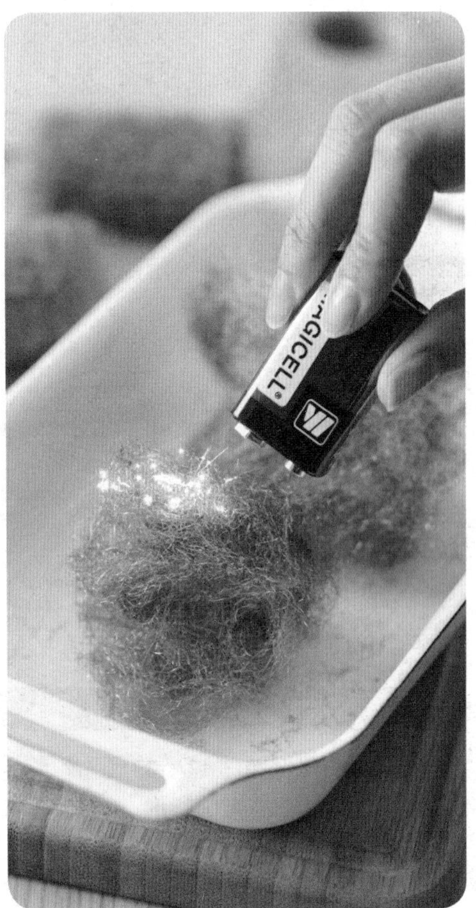

为什么不用火也能烧?

通电时，如果发生短路，电能便会转变为大量的热能放出，通过接触 9V 电池（通称“积层电池”），在钢丝绒上形成短路，产生大量的热，来点燃钢丝绒上的细小碎屑，因为碎屑小，表面积大，所以可以点燃，如果只有粗粗的钢丝绒，可是点不着的喔。

难易度	★★★☆☆
家长陪同	■必须 □可自主

实验材料

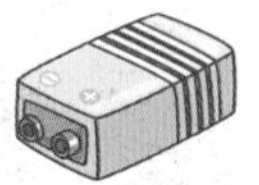
1. 积层电池

2. 钢丝绒

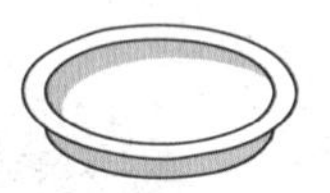
3. 铁盘

实验步骤

1 准备好抹布与水桶等灭火工具。

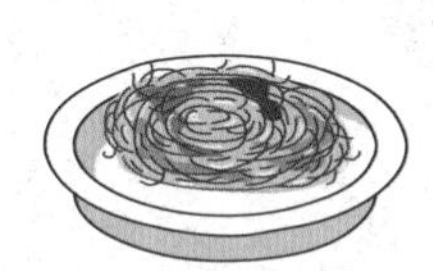
2 将钢丝绒放在铁盘上。

3 把积层电池的正负极同时放在钢丝绒上。

4 只要数秒钟，钢丝绒就会燃烧。

超微小！纳米的世界

生活小教室

为什么我们要研究越来越小的尺寸？除了可以将装置的体积变小之外，还可以增加接触面积，甚至有些材料在纳米等级时，会出现不一样的特性。

●纳米金

一般的黄金活性非常小，不容易与其他物质反应，可是2-5纳米等级的金，在室温下，可以将一氧化碳转变成无毒的二氧化碳，应用在火场救灾上，有很大的发展空间。

●纳米级的二氧化钛

纳米级的二氧化钛除了有强烈的杀菌效果之外，其导电性大约为微米级的60倍，因此常用来当作染料敏化太阳能电池的材料或是光电转换的材料。

科学好好玩 45 维生素 C 检定

一秒便知有没有

维生素 C 是一种还原剂，能将碘液中的碘还原成无色的碘离子，所以才会有这样的颜色变化，我们也可以用碘液来检测各种食物中，是否含有维生素 C。

难易度	★☆☆☆☆
家长陪同	□必须 ■可自主

实验材料

1. 水　2. 盐　3. 番石榴汁　4. 绿茶

5. 维生素 C 片　6. 碘酒　7. 搅拌棒　8. 杯子（4个）　9. 滴管

实验步骤

1 准备水、绿茶、番石榴汁、盐水，各一杯。

2 将碘酒滴入水中，让水呈现褐色。

3 维生素C片放入水中搅拌，观察颜色变化。

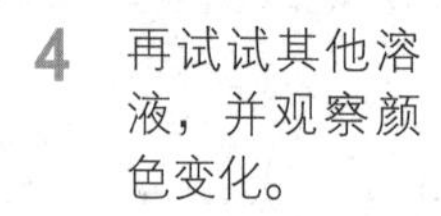

4 再试试其他溶液，并观察颜色变化。

将维生素C片磨成粉末，可以加快反应速度，许多魔术师也利用这个方法制作效果喔！

每天一颗番石榴，防癌又抗老

维生素 C 又称为抗坏血酸，可以预防坏血病。坏血病是因为缺乏维生素 C 所引起的疾病。起初会有食欲不振、倦怠的情形发生，之后便会出现毛囊角化、牙龈炎和出血症状，但是只要正常摄取维生素 C，这些症状便会消除。

一般人摄取的维生素 C 量，大约每天 50-200 毫克，只要一颗 100 克以上的番石榴就可以满足摄取量。虽然维生素 C 可以抗发炎并防止老化，但它是属于水溶性的维生素，只要摄取过量，多余的还是会被排出体外。

现代有非常多的加工食品，其中许多加工的肉类，例如：香肠、火腿等，会添加亚硝酸盐，在身体里面会形成亚硝酸胺，这是一种很强的致癌物质，而维生素 C 的还原性可以阻止亚硝酸胺的形成。

9 月

创意玩科学

有机化合物

有机化合物是一门与碳有关的科学，内容包含了生活中常见的有机化合物，烷、醇、酸、酯、糖类和聚合物等，矿泉水瓶就是常见的有机聚合物。矿泉水瓶虽然很好用，但也带来了许多污染，学习如何将这类塑料分类，以及通过实验观察热塑性塑料的特质，可以让我们更了解有机化合物喔！

这一天小敏喝完饮料，随手将矿泉水瓶丢到垃圾桶，但妈妈却把矿泉水瓶捡起来，并说矿泉水瓶是一种可回收的塑料，上面有可以回收的标志，小敏看了一下，发现回收标志上写着数字，究竟这数字代表什么意思呢？

科学好好玩46：无字天书

任何有机物在经过加热燃烧后，都有可能烧焦，这是因为其中含碳。若用牛奶在纸上写下信息，再拿去烤箱加热，会怎么样呢?

科学好好玩47：回收大挑战

生活中常见的透明塑料杯，如果拿去烤箱加热，会发生什么事呢? 透过这个简单的实验，不但能获得美丽的装饰品，还能对塑料的特性更加了解。

科学好好玩48：泡沫塑料图章

泡沫塑料其实也是塑料的一种，耐酸又耐碱，但只要把橘子皮的油涂上去，就可以看到惊人的现象。在往后的课程中，物质是怎么溶解在溶剂中的概念，是非常重要的!

Lesson 16

从可以吃到不可以吃，无所不包的有机化合物

有机化合物是一门讨论碳和其他物质结合的科学，听起来很难，但其实离我们的生活非常近，生活中的有机化合物包含塑料、食物、纸等，就连人体内也有大量的有机化合物。

有机≠天然

一开始，有机化合物是指从动物或植物等有机物中所取出的化合物，在不具生命的物质中，提出的化合物则为无机化合物。但 1828 年科学家乌勒在实验中，意外提炼出动物体内含有的尿素，之后，有机化合物便不局限在生命体内，而是可以通过人工来合成。

人类也是有机体

人体是一个非常大的有机体，含有非常多的糖类、蛋白质和脂质，这三种也是人体的能量来源。

1. 糖类

平常所说的糖指的是尝起来有甜味的物质，包含米饭和面包中的淀粉，蜂蜜中的葡萄糖、果糖以及白糖、砂糖等都可以说是糖的一种。而类似纤维素这些尝起来没有甜味的，也是糖类。

常见的双糖	基糖	存在的食品
蔗糖	葡萄糖 + 果糖	红糖、白糖和黑糖等糖类
麦芽糖	葡萄糖 + 葡萄糖	可由淀粉和麦芽水解得到
乳糖	葡萄糖 + 半乳糖	牛奶

另外还有多糖，多糖是指由单糖（果糖、葡萄糖、半乳糖）组合起来的糖类，从数十个到上千万的组成都有。

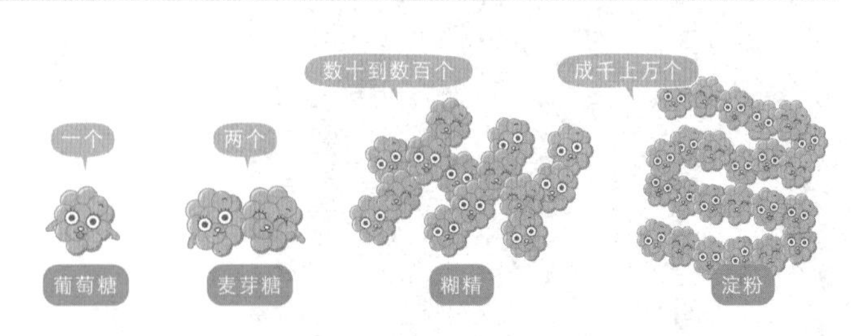

2. 蛋白质

蛋白质是用来组成人体细胞的重要物质，我们的皮肤、肌肉、内脏和体内酵素等，都是由蛋白质组成，但人体所需的蛋白质，大多都无法由食物直接获得，必须先将食物中的蛋白质分解为基本的氨基酸，再由身体合成我们所需的蛋白质。

蛋白质会在胃里消化分解成氨基酸，氨基酸经过小肠吸收后，会来到肝脏合成人体所需的蛋白质，整个过程就像在玩积木一样，可以重新拆解组装。比如有人送你一架积木组成的飞机，可是你比较喜欢汽车，这时就可以把飞机拆开，组成自己想要的积木汽车。

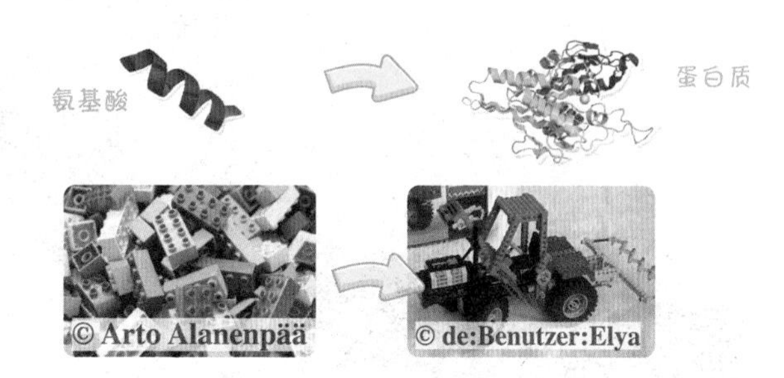

3. 脂肪

脂肪又分成饱和脂肪与不饱和脂肪，可以分别从动物油和植物油获得。

● 动物油

动物油其中的成份以饱和脂肪为主，因饱和脂肪分子间的吸引力较高，因此常温下成固体，动物油的胆固醇较高，容易造成心血管方面的疾病，但我们食用良好的动物性油是必须的，且含维生素 A 和 D，且在高温油炸时，动物性油比植物油耐高温，劣化的速度较植物油来得缓慢。

● 植物油

植物油是以不饱和脂肪为主且含较多的必需脂肪酸以及维生素 E 和维生素 K，常温下多成液态，不饱和脂肪酸较易被人体吸收，而必需脂肪酸可以将胆固醇转化掉，不让其堆积在血管壁上，造成心血管疾病。但是植物油也有其坏处，其中含有的植物胆固醇不被人体所吸收，且植物油较容易氧化，不耐高温，如用来油炸会劣化较快。

因此动物油和植物油必须看情况使用，一般来说高温油炸会选择动物油，而低温凉拌时植物油则较佳。

饱和脂肪酸引力较高靠在一起

不饱和脂肪酸引力较低较分散

科学好好玩 46 无字天书

为什么要烤过才看得见?

因为牛奶里有大量的有机物，当放入烤箱加热时，会使牛奶中的有机物发生化学变化，进而变色，形成白纸上出现文字的现象，因此只要含有有机物的液体，像是柠檬汁、醋、糖水，都可以拿来制作无字天书喔!

难易度	★★★☆☆
家长陪同	■必须 □可自主

实验材料

1. 烤箱

2. 牛奶

3. 醋

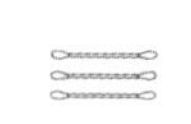
4. 棉花棒

5. 柠檬

6. 纸

实验步骤

1 用棉花棒沾牛奶在纸上画图后，静置干燥。

2 把画好的纸放入烤箱里。

3 烘烤约30秒至1分钟，视状况而定。

4 刚刚画的图案就现形了！

可以试试醋或柠檬，也有相同的效果。

原来烧焦叫碳化

生活小教室

●木炭的制作

木炭是用木头燃烧而得，利用高温（500℃-1000℃）持续在低浓度的氧下闷烧，将木头中的杂质去除，留下纯度较高的碳，一般窑烧必须经过5-10天，且在窑烧完后的处理必须非常小心，如果窑烧的门没有封闭好，空气一进入，会引起燃烧，使得木炭付之一炬。

●烧焦

我们在烹煮食物的过程中，如果温度过高，就会使食物内的水分蒸发，当加热过头时，便会剩下有机物中的碳，也就是所谓的烧焦，又称为碳化！

科学好好玩 47 回收大挑战

透明塑料杯轻松变成美丽吊饰

塑料的种类非常多，塑料盒或透明塑料杯，经过加热后，会软化缩小，再经过冷却硬化，就可以得到一个美丽的装饰了。

难易度	★★★☆☆
家长陪同	■必须 □可自主

LESSON 16

实验材料

1. 夹子

2. 烤箱

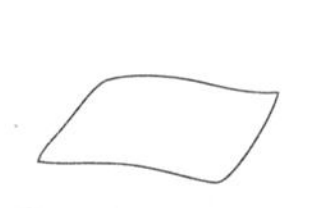
3. 烘焙纸

4. 6号塑料杯

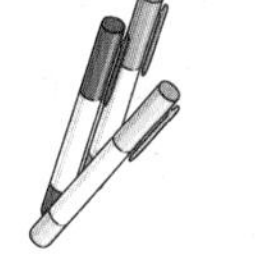
5. 油性签字笔

6. 剪刀

实验步骤

1 用油性笔在塑料杯上画下喜欢的图案。

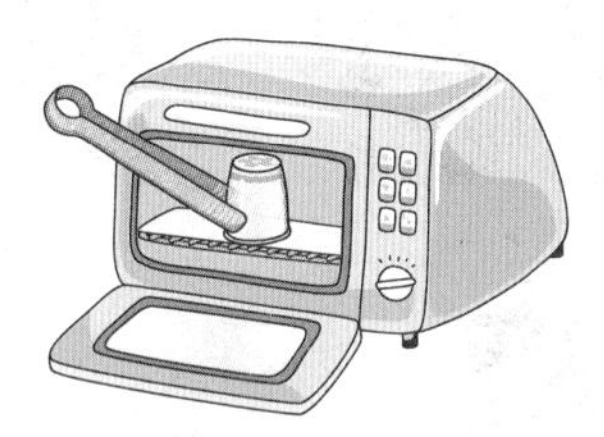

2 放入烤箱中烤几秒钟，观察塑料片的变化。

3 烤过后塑料片会变小、变硬，就可以制成喜欢的小饰品！

6号塑料杯的成份是聚苯乙烯（PS），是具有热塑性的塑料，而泡沫塑料就是由PS发泡所制成的。

生活小教室

不是所有的塑料都一样吗？

塑料也是生活中常见的有机化合物，指由合成树脂经过加工后得到的可塑形材料或是刚性材料，常见的塑料大致上可分为“热塑性塑料”和“热固性塑料”两种，过去使用的塑料原料是天然树脂，是从植物（特别是松、柏）分泌出来的物质，而现代的科技很发达，都是使用化学方法，从石油里提炼出合成树脂来当作塑料原料，性质跟天然树脂相近。

热塑性塑料

热塑性塑料加热后会软化，可塑型，是因为分子为一条条的链状结构，每条链子间没有互相拉住，所以没有那么坚固，一旦受热就自由移动，软化变形。

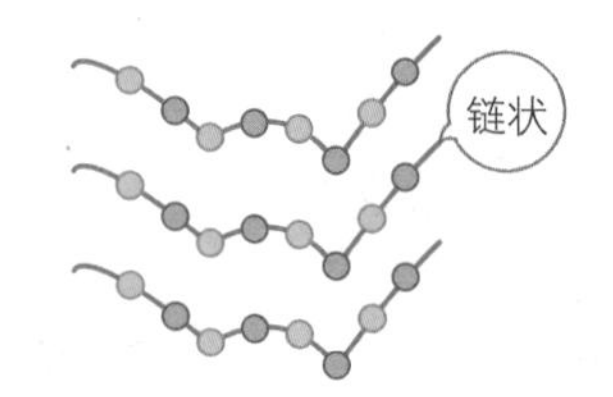

塑料袋

一次性塑料杯

水管

酸奶瓶

雨衣

热固性塑料

热固性塑料在制作的时候会加入其他添加物，使链状的结构被绑在一起而形成像网子一样的结构，网状的结构加热后，仍然会呈现刚性的状态，因此不可以再塑型。耐热性较高，强度较强，如锅具的把手。

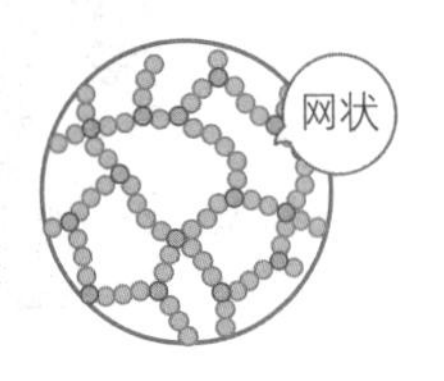

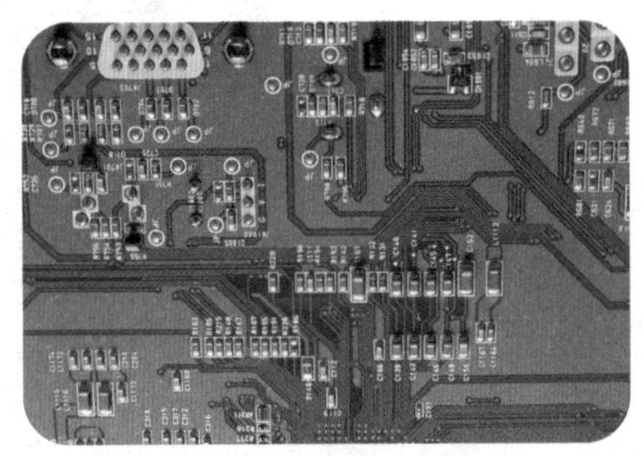

生活常见的产品：电路板

生活中塑料的应用非常广泛，尤其是杯子、矿泉水瓶、盒子等，在这些杯盖上面都有编号，常见的杯盖编号有：

这些编号代表能够承受的温度，举例来说，一般热咖啡的温度在 85℃ ~ 96℃，所以最好是用 5 号的塑料杯盖，才不会释出致癌物质，如果不小心买到 5 号以外的杯盖，一定要记得把杯盖打开来喝才行，否则很有可能会把致癌物质喝下，甚至是将杯盖给融掉了喔！

科学好好玩  泡沫塑料图章

用橘子皮的“油”可以刻印章？

柑橘类水果的皮内含有特别的油脂，因为这些油脂的结构和泡沫塑料类似，因此泡沫塑料会溶解在油脂中，借此雕刻出你喜欢的图形后，再涂上颜料，就是一个专属于你的印章哦！

难易度	★☆☆☆☆
家长陪同	□必须 ■可自主

实验材料

1. 切半的泡沫塑料球

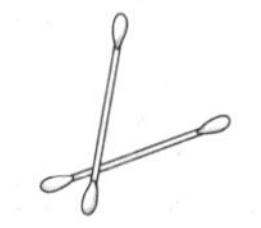
2. 棉花棒

3. 颜料

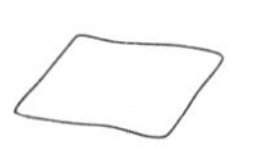
4. 图画纸

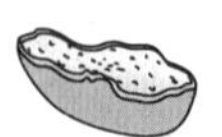
5. 橘子皮

实验步骤

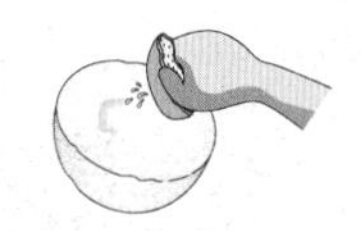

1 利用橘子皮的油，在泡沫塑料球上刻画自己想要的图形。

2 用棉花棒沾颜料涂在刻好的泡沫塑料图章上。

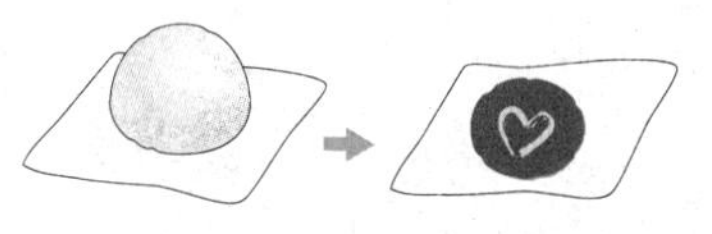

3 在图画纸上盖下自己的图章。

好惊人！原来塑料和泡沫塑料可以被溶解

●洗甲水溶解泡沫塑料

曾经有新闻报导，洗甲水滴到泡沫塑料后，泡沫塑料居然腐化溶解，民众便认为洗甲水连泡沫塑料都可以腐蚀，应该对指甲有害，但其实这是自然现象，就和泡沫塑料溶解在油脂中一样，洗甲水里的丙酮成份，也可以溶解泡沫塑料！

●被溶解的口香糖

口香糖中含有食用胶基，这种胶基也容易溶在植物的油脂中，所以如果吃口香糖时，又碰到其他富含油脂的食物（比如巧克力、土豆片），就会发现口香糖慢慢变小了！

●白板碰到记号笔

假如一不小心用记号笔写在白板上该怎么办？这时只要用白板笔沿着记号笔的痕迹，再涂一次，就可以用板擦擦掉了。这是因为白板笔墨水中的有机溶剂可以将记号笔墨水溶掉，所以就可以轻松擦掉了！

●用橘子皮破气球

气球的成份也容易被橘子皮中的油脂溶解，因此如果刚剥完橘子，用手去碰气球，气球可是会破掉的哦！

10 月

创意玩科学

摩擦力、浮力、压力

力学是物理中非常重要的一个章节，因为自然界中，有很大一部分的现象都是力所造成。例如：摩擦力就是生活中常运用到的一种力，走路、跑跳都和它有关；压力则是无所不在，大气压力、水压力等；而在泳池中，我们都感受过浮力，就像身体变轻了一样。

今天游泳课教仰泳，美美怎么样都浮不起来，耳朵一进水就很紧张，美美觉得很懊恼，为什么鱼可以轻松地在水里游来游去、浮浮沉沉，人却很难呢？

科学好好玩㊾：三根火柴棒吊水瓶

善用摩擦力和三角结构的平衡，即使是火柴棒，也可以吊起水瓶。

科学好好玩㊿：立蛋

端午立蛋不简单，但只要撒点盐就没问题。

科学好好玩51：拔不开的书

用坦克车才能拉开的力量？纸张的摩擦力不容小觑！

科学好好玩52：吃蛋瓶

会吃蛋的神奇瓶子？跟大气压力有什么关系？

科学好好玩53：压力饮水机

帮宠物自制饮水机超简单，只要把矿泉水瓶割一个洞就可以。真的？水不会漏出来吗？

科学好好玩54：压力水枪

用吸管＋矿泉水瓶，就可以打水仗了！

科学好好玩55：沉浮小鱼

鱼为什么可以自由地在水里浮浮沉沉？做了这个实验就知道了。

科学好好玩56：熔岩灯

熔岩灯也可以自己做，只要有小苏打和柠檬酸就可以了。

科学好好玩57：水中油球

油放在水里会浮起来，放在酒里呢？物体的沉浮，密度是关键。

Lesson 17

三根火柴棒可以吊水瓶？决定物体动或不动的摩擦力

要怎么让移动中的车子刹车呢？怎么将东西拿起来呢？走路是怎么前进的？要完成这些事，都需要摩擦力。摩擦力的来源是两个接触物体间，凹凸不平的接触面所产生，当物体要开始移动时，不平的表面就会产生摩擦力，一般来说，可以分成静摩擦力与动摩擦力。

● 静摩擦力

静摩擦力是两个物体之间没有相对运动时，所产生的摩擦力，比如蚂蚁在推蛋糕时，因为蛋糕和地面之间没有滑动，此时的静摩擦力刚好等于蚂蚁的推力，因此蛋糕不会被推动，静摩擦力会随着施力而增加，直到物体被推动的那一刻。

● 最大静摩擦力

蚂蚁的推力逐渐上升达到一个临界值，当力量超过这个值，蛋糕就可以被推动，这个值称为最大静摩擦力，在这之前的静摩擦力都和推力互相抵消，但施力达到最大静摩擦力时，只要再超出一点点力量，蛋糕就马上可以被推动了。

● 动摩擦力

当物体开始滑动时，物体之间的摩擦力就称为动摩擦力，动摩擦力不管施力多少都维持定值，且小于最大静摩擦力，这也是为什么我们推动东西之后，会感觉变得比较轻松。

为什么愈重的东西愈难移动?

影响摩擦力的因素有两种：一种是物体接触面之间的光滑度，一种是物体间的正向力。

● 接触面之间的材质影响

物体之间如果接触面越光滑，摩擦力就会越小；反之，越粗糙摩擦力就会越大。就像穿着冰刀鞋在冰上溜冰，可以溜得非常顺畅，但是如果穿着冰刀鞋在海滩上，别说溜冰，连移动都很困难了。

● 物体间的正向力

蛋糕放在桌面上，桌子要将蛋糕支撑住，不让蛋糕往下掉，就会施予蛋糕一个正向力，当桌子施予的正向力越大时，摩擦力也会越大，这也就是为什么越重的东西越难推动的关系。

物体所受的动摩擦力大小跟正向力成正比。

是动还是静?

想一想

如果我们坐在车上，车子载着我们移动的瞬间，我们和车子间的摩擦力是属于动摩擦力还是静摩擦力呢?

● 解答：车子虽然载着人在动，可是人和车子间并没有滑动，所以是属于静摩擦力哦!

科学好好玩 49 三根火柴棒吊水瓶

三根火柴棒力量大！

三根火柴棒之间，透过摩擦力互相支撑，挂着水瓶的绳子会夹住 C 火柴棒，以增加摩擦，摩擦力又让 C 火柴棒顶着 B 火柴棒，B 火柴棒则利用摩擦力和正向力顶着 A 火柴棒，和桌面给 A 火柴棒的力达成平衡。

难易度	★★★★★
家长陪同	□必须 ■可自主

LESSON 17

实验材料

1. 火柴棒三根　2. 两瓶水　3. 棉绳

实验步骤

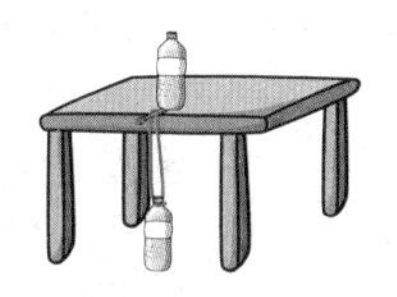

1 在桌子边缘用其中一个水瓶压住一根火柴棒A。

2 用棉绳绑在另一个水瓶口，并挂在桌子边缘的火柴棒A上。

3 取一根火柴棒B，将棉绳撑开。

4 用最后一根火柴棒C顶住火柴棒B与火柴棒A，达到平衡。

5 拿掉桌上的水瓶，观察另一个水瓶是否被吊起来，如果不行，请调整火柴棒的角度，或是减轻水量。

不只吊重物，还可以盖房子！

生活小教室

●建筑上的三角支撑

从古代的木造房子到近代的建筑上，在梁柱的交接处有时会接上一根用来增加支撑力的木头或钢铁，而形成一个三角形结构，可以让钢梁受力分散，使房子更加稳固。

●吸盘

把吸盘用力压在重物上，会将吸盘内的空气挤出，此时大气压力会将吸盘紧紧地压在重物上，吸盘和重物间的正向力会增加，摩擦力就会上升，这样就可以吊起重物，而不会落下。

科学好好玩 50 立蛋

端午立蛋零失败!

因为鸡蛋底部呈圆弧状，容易滑动，所以鸡蛋容易倒下来，立蛋时，只要撒一点盐，就可以增加鸡蛋底部和桌面的摩擦力，只要底部稳了，就比较容易将鸡蛋立起来了!

难易度	★★★☆☆
家长陪同	□必须 ■可自主

LESSON 17

实验材料

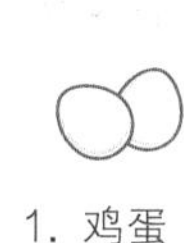
1. 鸡蛋

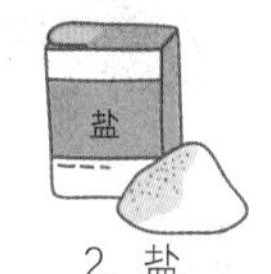

2. 盐

实验步骤

1 寻找一个平整的桌子。

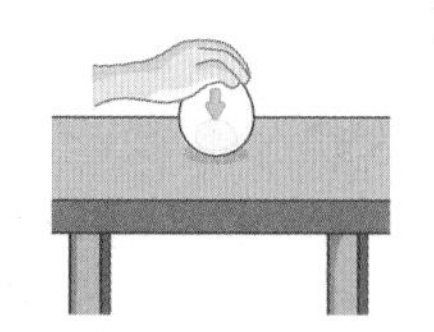
2 用手将蛋扶着立起，让蛋黄略为下沉，使重心降低。

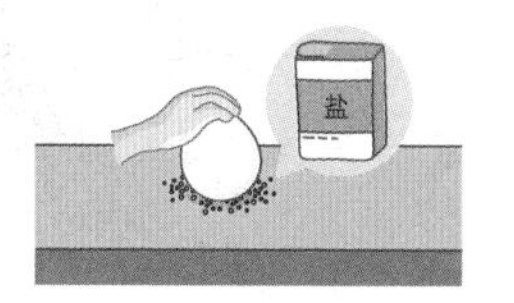

3 在桌上撒一点盐，增加摩擦力。

4 借助盐提供的摩擦力，尝试将蛋立起。

原来这些都是摩擦力？

生活小教室

● **数钞票**

有些人在数钞票前，习惯先舔一下手指，这是因为口水可以增加手指和钞票间的摩擦力，在数钞时，可以避免钞票黏在一起而算错。

● **防滑粉**

棒球选手在比赛时，会捡起地上一包白白的粉来抹手，那是用松脂做成的防滑粉，碰到汗水可以产生些微黏性，避免在投球时因为手滑而导致球偏掉哦！

● **胎纹**

车子的轮胎上会有胎纹，可以增加摩擦力，如果轮胎磨平了就要换掉，避免车子打滑失控。

● **瓶盖**

瓶盖边的纹路可以增加摩擦力，比较容易打开。

科学好好玩 51 拔不开的书

坦克车也拉不开，摩擦力的力量！

两张纸互相叠在一起也会产生摩擦力，只是非常的小，但是当许多张纸叠在一起时，摩擦力就会跟着增加，造成书本拔不开的情况。电视节目曾经做过这样的实验，将两本电话簿互相交叠，最后请来了两台坦克车、施加到约3600千克的拉力，才将两本书拉开，后来有研究指出，每增加10倍的书页，摩擦力就会增加10000倍哦！

难易度	★☆☆☆☆
家长陪同	□必须 ■可自主

实验材料

两本厚一些的书籍

实验步骤

1 将两本书翻开到底部。

2 将书本内页纸张互相交叠。

3 叠完后，抓着书的两边，用力拔，试着将书分开。

4 想想看，要如何才能将两本书顺利分开呢？

纸张使用小偏方

生活小教室

●混乱的 A4 纸

当一堆乱七八糟的A4纸叠在一起时，想要整理整齐，却发现不管怎么用手去梳理，都无法将纸打理得非常整齐，这是因为纸之间的摩擦力，让纸无法顺利移动，因此只要挤压一下纸，让纸之间有缝隙，就可以顺利整理好了。

●纸箱踏垫

每当下雨的时候，有些店家为了避免地面湿滑，会在地上铺一层层的纸箱当作踏垫，因为地面磁砖往往都非常光滑，所以纸箱除了可以吸水之外，还可以用来增加摩擦力，以免滑倒。

Lesson 18

会吃蛋的瓶子？！
密度、温度、面积，影响压力的三元素

如果我们将一颗气球压在一根图钉上面，会发现气球很容易就被刺破，但是如果将气球压在许多图钉上，手就必须比较用力，气球才会破掉，这是为什么呢？压力是指在单位面积上所受到的垂直作用力，所以只有一根针接触到气球时，整个气球的重力压在一根图钉的面积上，接触点压力大，气球就容易破；反之，有许多图钉一起分摊时，接触点压力小，气球就不容易破了。

受地球吸引的空气

在地球表层，有一圈厚厚的空气被地球吸引着，称为大气层，大气层的厚度可延伸到数百千米以外，但因受地球引力的吸引，99％的空气聚集在离地面32千米的范围内，空气离开地面越高越稀薄，因为空气的密度随海拔高度的增加而减少。

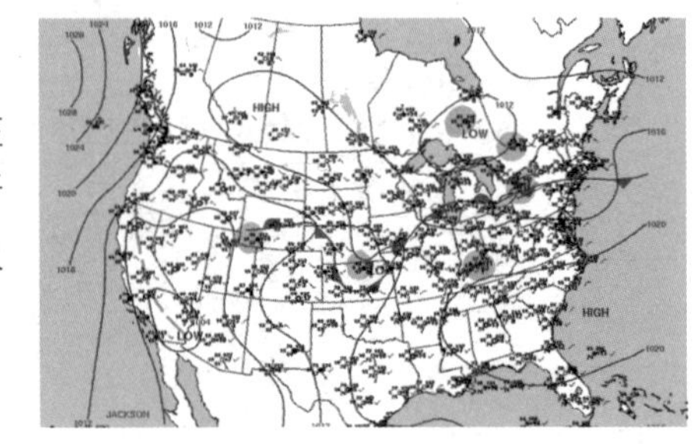

大气压力是因大气的重力而产生的压力，常使用在气象上。我们可以在卫星云图上看到等压线，用来判断空气的流动、风向和高低压等。气压是非常重要的气象要素。

原来人的力气这么大？

我们平常生活的环境，大约为一个大气压。根据换算，大概一个食指指节的大小，就承受一千克左右的力，因此平均算下来压在一个成人身上的力大约有 24000 多千克，但是为什么我们感觉不到呢？这是因为体内和外面的大气压力互相抵消的关系。

一个指节就受到约
一千克重的气体重力喔

体内和体外的压力会达到平衡，
因此不会觉得大气压力很重！

没有大气压力会怎样？

如果有一天大气突然消失会发生什么事呢？除了许多东西不能使用之外，人体内的压力会瞬间比体外的压力还要大，此时体内的气体就会想往外冲，就有可能将体内器官、耳膜、眼角膜等破坏掉。登山客攀爬高山，会因为山上气压过低，出现呼吸困难、耳膜出血、流鼻血等高山症状。

身处在外层空间，在完全没有大气压力的情况下，就必须穿宇航服或是待在太空舱内有气压的地方，如果直接暴露在真空环境下，会发生什么事呢？如果怕缺氧直接屏住呼吸，肺就会被气体撑破，不过人的皮肤比较坚固，倒不会出现爆体而亡的现象。

航天员在太空执行任务一段时间后，因为缺少地心引力以及大气压力的关系，体内的血液无法顺畅地流动，会造成肌肉和血管的疾病，因此航天员返回地球时，并没有像电影中的帅气模样，有时候甚至要坐轮椅呢。他们在太空中也必须持续运动，才能保持肌肉和骨骼的功能。

科学好好玩 52 吃蛋瓶

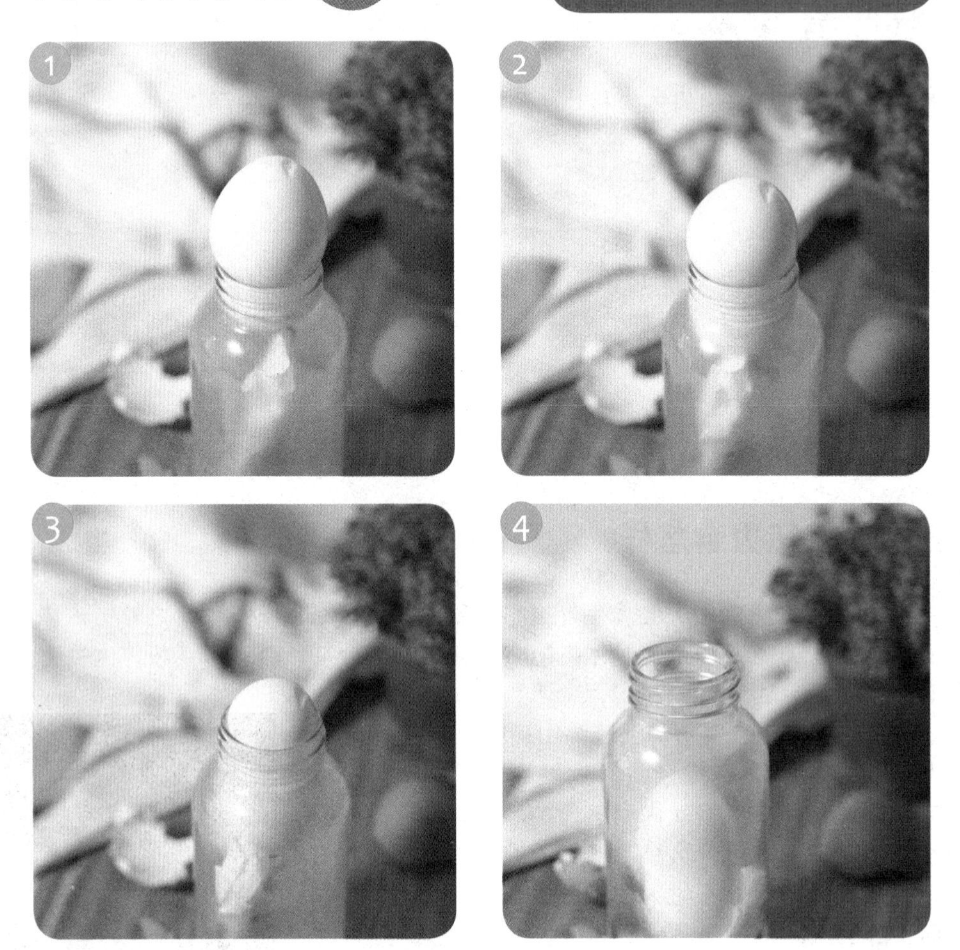

为什么瓶子会吃蛋？

纸张点燃丢进瓶里，会让瓶中的气体温度上升，体积膨胀，此时用鸡蛋卡住瓶口，与外界隔绝，等到瓶内空气冷却，体积变小，气压下降，外界的大气压力就会将鸡蛋往瓶内推了。

难易度	★★★☆☆
家长陪同	■必须 □可自主

实验材料

1. 鸡蛋 2. 废纸 3. 打火机 4. 宽口瓶

实验步骤

1 先将鸡蛋用水煮熟，剥壳备用。

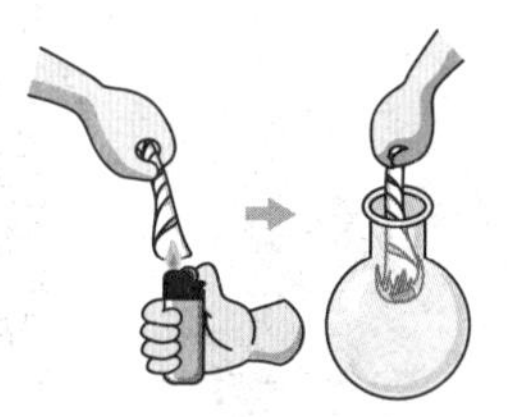

2 将废纸卷成纸卷，用打火机点燃，把燃烧的纸卷放入瓶中。

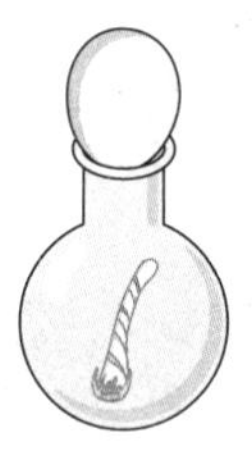

3 把水煮蛋直立放在瓶口上。

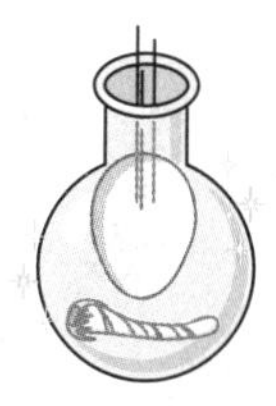

4 静置一会儿后，仔细观察鸡蛋，会发现鸡蛋慢慢地被推到瓶子里去了。

生活小教室

打不开！温度造成的压力变化

●拔火罐

中医里有一种拔火罐，会先加热拔罐瓶内的气体，再按压在身体上，等到瓶内气体冷却后，就会将患部吸起，达到活络血气的效果。

●冷却的锅盖

有时热汤盖上盖子过了一段时间，想要拿起时，会发现盖子有点被吸住的感觉，因为锅内的热空气经过冷却后，体积缩小，让锅内的压力变小，大气压力就会压在锅盖上，与其说是吸住，不如说是被压住，更来得贴切喔！

●冷冻库的门

冷冻库打开后热空气会流进去，当门关起，里面的空气再次冷却后，内部压力变小，冷冻库的门会变得比较难开启。

科学好好玩 53 压力饮水机

为什么水不会溢出来？

大气压力会作用在切口的水面上，让瓶内的水无法往外流，因此若是当作宠物的饮水机，只要宠物喝水，矿泉水瓶内的水便会慢慢下降持续补充。市面上常见夹在宠物笼上的喝水瓶，也是利用压力的原理，使得水倒过来时不会流下来，让宠物用舔的方式喝到水。

难易度	★★☆☆☆
家长陪同	■必须 □可自主

实验材料

1. 矿泉水瓶

2. 美工刀

3. 彩笔

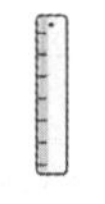
4. 直尺

实验步骤

1 用彩笔在矿泉水瓶身上画一条和地面平行的横线，然后用美工刀割开。

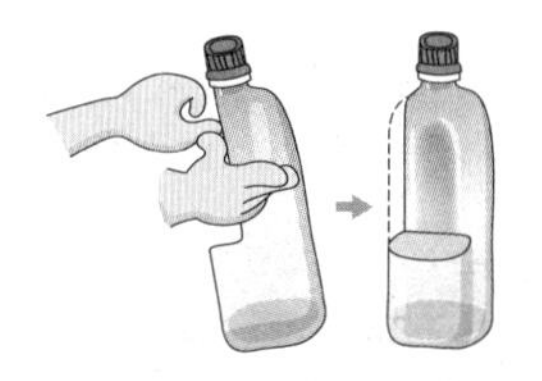

2 用双手的拇指在切口的上方施力，矿泉水瓶就会像图示一样往内侧缩进去，如此即完成了水槽。

3 先拴紧瓶盖，再从切口处加水。同时偶尔左右摇晃瓶身，使水充满整个瓶子。

4 等瓶子装满水之后，将瓶子静置于桌面或地面上，若里面的水没漏出来，就表示成功了。

在太空也能使用的圆珠笔

生活小教室

使用圆珠笔写字时，墨水会慢慢流出来，同时大气压力推着补充缺少墨水的地方，使得书写更顺利。在太空因为没有重力将笔管内的墨水往下拉，因此一般的圆珠笔无法在太空中使用，后来美国有家厂商发明了在笔芯内填充氮气的技术，使墨水能够被氮气的压力往笔尖的钢珠推，就能顺利书写了。

科学好好玩 54 压力水枪

为什么往短吸管吹气，却是长吸管喷水?

用短吸管往瓶内吹气时，会使得瓶内压力变大，瓶内的压力就会压着水，从长吸管内喷出喔!

难易度	★★★☆☆
家长陪同	□必须 ■可自主

实验材料

1. 黏土

2. 锥子

3. 剪刀

4. 矿泉水瓶

5. 吸管两根

实验步骤

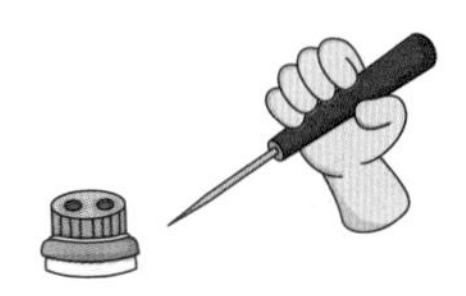

1 先在矿泉水瓶盖上挖两个洞。

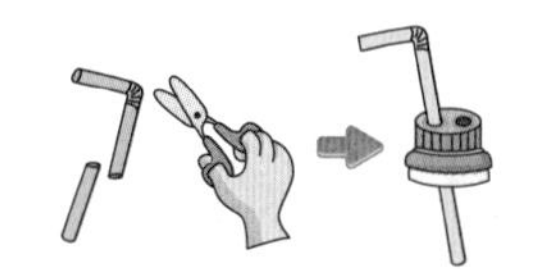

2 插入两根吸管，一根剪去三分之一，另一根不剪。如果吸管和洞之间有空隙，可以用黏土封住。

3 将矿泉水瓶装大约八分满的水，以短吸管不碰到水面为基准。

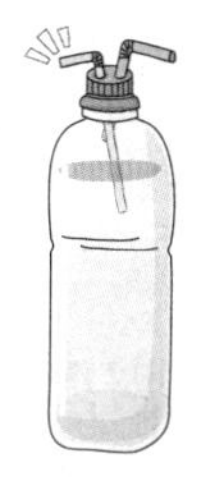

4 盖上盖子，就可以开始打水仗了！

便秘也可以靠压力解决？

生活小教室

有个生物科技公司发明了一种神奇的机器，将肛门口的气压减小 30%，造成体内气压大，而外界气压小，气压由大往小推动，粪便就能顺利排出。

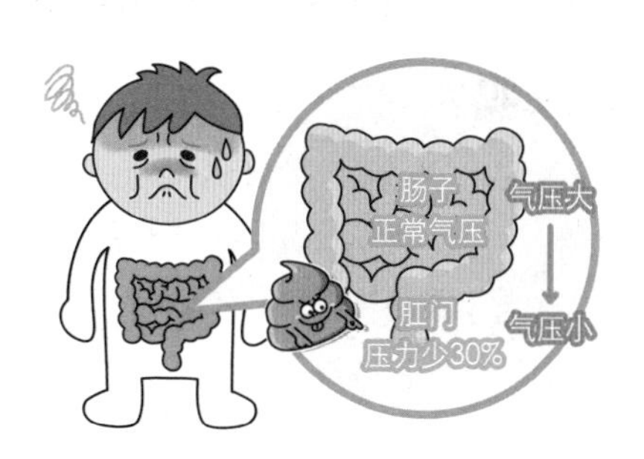

Lesson 19

为什么不会沉下去？体积、密度与浮力的关系

游泳时会发现，自己在水中的重量好像变轻了，这是因为在水中有浮力支撑的关系，液体都会有浮力存在，浮力的大小主要决定于两个要素，物体在液面下的体积以及液体的密度。

体积 vs. 浮力

物体在液面下的体积越大时，所受到的浮力就会越大，例如：用手去压一个浮在水面上的脸盆时，脸盆压得越深，手感到的阻力就会越大，这是因为液面下体积变大、浮力变大的关系。

密度 vs. 浮力

在相同体积下，物体的质量越大时，密度就会越大，而不同种类的液体，密度皆不同，当液体密度越大时，浮力也会越大。

在相同大小的空间里面挤了越多的物质代表密度越大，而物质越少代表密度越小。

浮得起来吗？

要怎么判断物体能不能浮在液体上呢？其中的关键就是密度，当物体的密度比液体还要大时，就会下沉；反之，物体密度较小就会浮起。

常见的物质密度							
金	19.3	铜	8.96	钻石	3.5	水	1.00
银	10.49	铁	7.87	海水	1.03	汽油	0.73

船可以浮在水上，是因为里面有空气，平均密度小。

铁球因为都是铁，密度大，所以会下沉。

水的浮力秘密

水的密度大约为 1（克 / 立方厘米），一般的物质，温度升高，体积会膨胀，密度就会降低；而水在 4℃时密度最大，会往下沉，所以就算在低温结冰的湖，底部仍然是较温暖的 4℃哦！

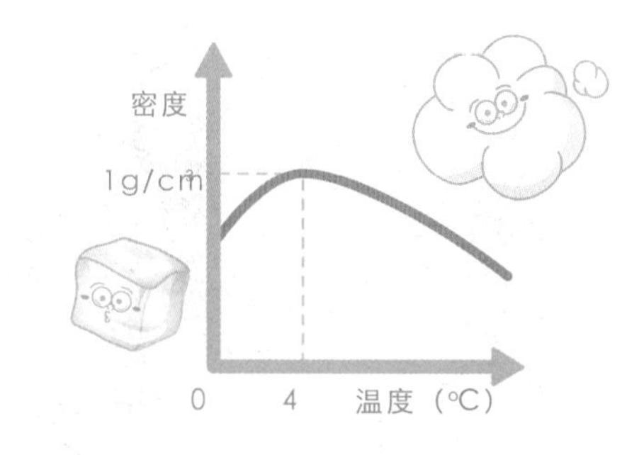

冰山的一角？

我们常说“这是冰山的一角”，冰山常出现在高纬度的海上，冰山本身就是一个超级大的冰块，但只有一点点露在水面上，其余的都在水面下。

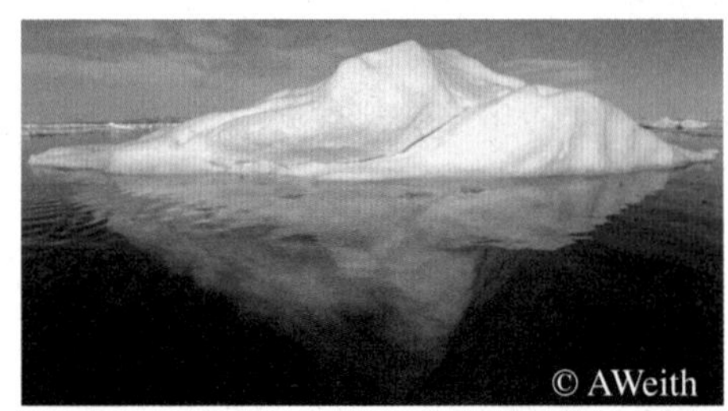

因为冰块密度只和水差一点，因此只露出一点在水面上哦！

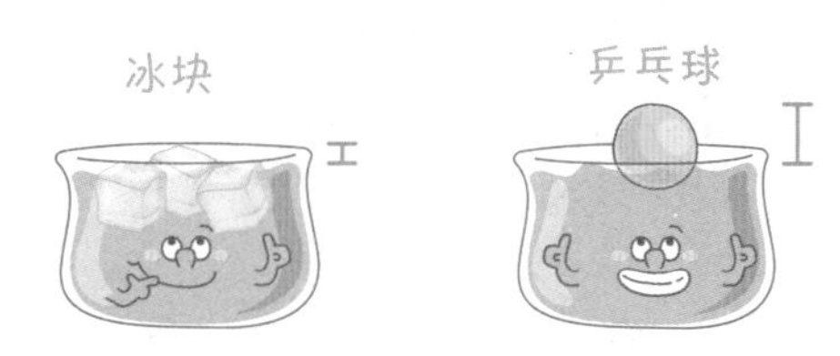

因为乒乓球和水密度差很多，所以大部分都浮在水面上。

科学好好玩 55 沉浮小鱼

压一压就沉下去

此实验分为开放系统和封闭系统两种，即把小鱼的嘴留下开口或封起来。两种都是靠密度改变产生的沉浮现象。开放系统的小鱼，是由于挤压矿泉水瓶时，液体被压入小鱼中，使鱼的重量变重，密度变大，因此下沉。封闭系统的小鱼，则是因为小鱼体积被压缩，密度变大，因此下沉。

难 易 度	★★★★☆
家长陪同	□必须 ■可自主

实验材料

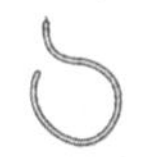

1. 矿泉水瓶　2. 小鱼酱油瓶　3. 单芯电线　4. 杯子

实验步骤

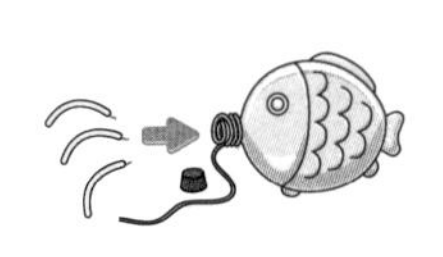

1 将电线剪短，分成约8段，放入小鱼的肚子里。

2 将小鱼装满水增加重量。

3 把小鱼放入水杯中检查，鱼的尾巴要刚好浮在水面上约2厘米。

4 若鱼太重则会沉入水中，可以将鱼肚中的水挤出，调整重量。

5 将小鱼丢入装满水的矿泉水瓶中，盖上瓶盖，用力挤压瓶身，看看小鱼是不是下沉了呢？

生活小教室

鱼为什么可以任意沉浮？

大多数的水中生物必须靠着鳍或是触手的摆动来控制沉浮，但一直动的话会疲劳，所以大部分鱼类会通过控制体内鱼鳔的大小，来帮助自己沉浮。

科学好好玩 56　熔岩灯

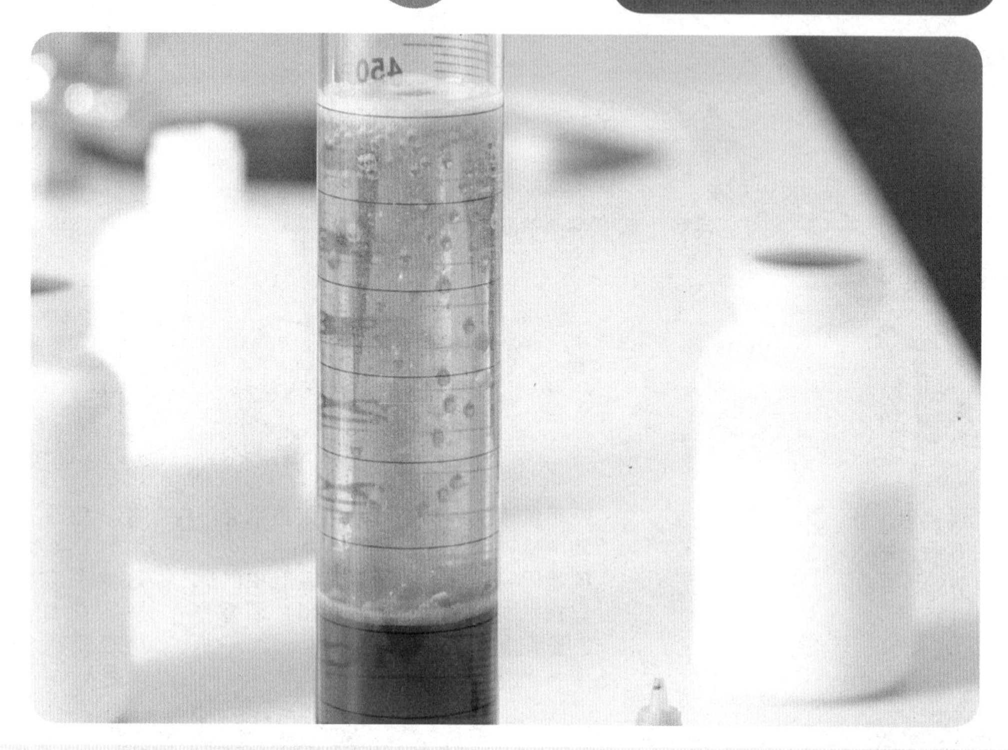

用二氧化碳做浮力球

一般熔岩灯底部的液体是蜡，上方是密度略小于蜡的液体，而底座有一个加热装置。通电后，加热装置会让蜡温度升高，因为热胀冷缩，蜡的体积上升，造成其密度下降而向上浮起；而到上层后，温度则会下降而往下沉，造成上下对流的现象。自制熔岩灯则是利用小苏打碰到柠檬酸时的反应原理作业，它们相遇后会放出二氧化碳，二氧化碳气泡因为浮力大，会带着染色的水往上冲，等到二氧化碳冲出水面后，水滴会缓缓地在油中慢慢落下，形成漂亮的画面。

© Ryan Steele

难易度	★★★☆☆
家长陪同	□必须 ■可自主

实验材料

1. 玻璃瓶

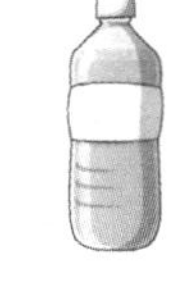
2. 水

3. 油

4. 色素

5. 柠檬酸和小苏打

实验步骤

1 将水加入玻璃瓶中，约四分之一满。

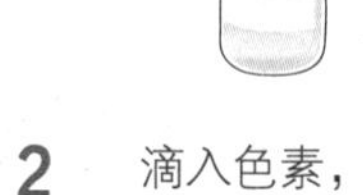
2 滴入色素，调出喜欢的颜色。

3 加入柠檬酸，并轻轻摇晃瓶身。

4 加入油，至九分满。

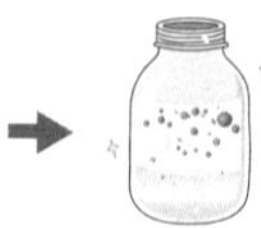
5 加入小苏打，观察溶液变化。

为什么汽水一打开会喷出来?

生活小教室

汽水和啤酒内充满着大量的气体，摇晃过后打开，底部气体的浮力就会带着汽水或啤酒往上冲，使得汽水或啤酒喷出来，如果要避免喷出，只要在打开前，敲一敲瓶身，这样底部的气泡就会浮到液面上，打开时，就不会有液体喷出来了。

科学好好玩 57 水中油球

为什么加水就会浮起来?

油的密度比酒精还要大，所以一开始会沉在下方；加入水后，酒精与水开始混和成酒精水溶液，密度会逐渐上升，当酒精水溶液的密度大于油后，油便会逐渐浮起，且因为表面张力的关系，油会呈现球状！

难易度	★☆☆☆☆
家长陪同	□必须 ■可自主

实验材料

1. 大玻璃杯

2. 小容器

3. 一瓶水

4. 95% 酒精

5. 植物油

实验步骤

1 将植物油倒入小容器中。

2 将小容器放到大玻璃杯底部。

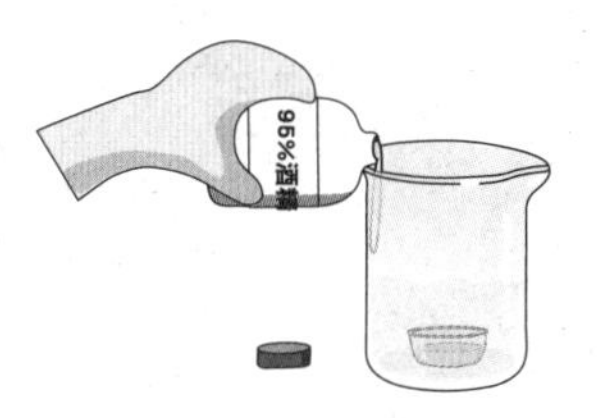

3 沿着玻璃杯边缘倒入 95% 的酒精至半满。

4 慢慢倒入水，直到油球浮起。

淘金和热气球的原理相同？

生活小教室

●淘金

密度其实不只在液体上有效果，在淘金的过程中，工人会将金矿磨成粉后，将粉放入盘子中，再放进水中开始掏金，因为金的密度比较大，所以会沉在最底部，而密度较小的沙子或矿物，则会在黄金上方，逐渐被水流带走，这样就可以得到越来越纯的黄金。

●空气的浮力

浮力不只在液体中，在空气中也会有浮力，热气球通过加热，会使得热气球内的气体密度比外界的空气密度还要小，此时热气球便会往上浮起。

11 月

创意玩科学

运动学、功与能

通过上个月的学习，不难发现力学的重要性，下面提到阳阳在车上身体不由自主地飞出，就是力学中的惯性定律，这是一个非常重要的概念！当物体受力后，会让物体产生运动，牛顿的三大运动定律便解释了这些现象；而功与能是从能量的角度来看力的作用，物体受力后多半会带有能量，可能是动能或是势能，再通过能量转换，就可以用本身所拥有的能量，推动别的物体。

阳阳全家开车一起出去玩，车子转过一个弯道时，阳阳整个人向右边偏了出去，仿佛有人推她一般，她觉得很奇怪，明明没有人推她，为什么身体会不由自主地有飞出去的感觉呢？

科学好好玩58：漂亮的布丁

要怎么完美地取出布丁，像广告上看到的一样呢？只要拿着布丁转圈圈就可以了。

科学好好玩59：蛋落水

惯性的威力有多大？来做个简单，却很酷的实验吧！

科学好好玩60：牛奶糖破椰子

坚硬的椰子和有点软的牛奶糖相遇时会迸出什么火花呢？

科学好好玩61：火柴火箭

用火柴头做火箭燃料！将化学能转变为火箭的动能，就像冲天炮一样。

科学好好玩62：回力车

用生活中常见的橡皮筋来做回力车，将弹力势能转换成动能，就能推动车子前进。

科学好好玩63：热流走马灯

热流走马灯最初是中国传统的艺术，利用热空气对流，让气体分子的动能，推动灯旋转。

Lesson 20

牛顿没有被苹果砸到？人类史上三大知名运动学

从古希腊哲学家亚里士多德开始对物体的运动做观察和猜想，接着中间持续了将近 2000 年，直到 16 世纪，伽利略挑战了亚里士多德的运动理论，用实验修正了亚里士多德的错误；最后牛顿将前人的研究归纳总结，发表了牛顿三大运动定律，才让运动学有了一套系统性的理论。

亚里士多德的运动学

1 亚里士多德认为，所有物体的运动都一定要有力，就算是等速度运动的物体，也必须有力，才能持续运动。

2 比较重的物体，一定会比较快落地。

3 空间中充满了物质，所以才能传递物理量，所以真空是不存在的。

4 地球是不动的，其他星体以地球为中心，绕地球运行。

伽利略的运动学

1 伽利略提出惯性的想法，如果一个球在光滑平面上移动，没有其他的力，这个球将会保持着固定速度，不断地往前移动，力应该是改变物体运动，而不是维持。

伽利略认为在没有其他阻力的影响下，球会一直向前滚。

2 伽利略曾在比萨斜塔上面做了一个著名的实验，他将两颗不一样重的球往下丢，发现两颗球几乎同时落地，推翻了古希腊哲学家亚里士多德的想法。

牛顿的运动学

牛顿发表了运动定律，并发明了微积分，用数学分析运动，得到运动方程，可以精确地计算物体的运动轨迹。此外，牛顿还解释了万有引力定律，证实了开普勒对行星运动的观察结果。

1　牛顿第一运动定律

牛顿第一运动定律又称为惯性定律，延续伽利略对物体惯性的解释，认为物体在不受力的情况下，应该维持原来的运动状态，静者恒静，动者恒做等速运动。

没有人去推柜子，柜子就不会移动。

2　牛顿第二运动定律

牛顿第二运动定律，精确地描述了物体受力后会获得一个加速度，改变物体的运动快慢或方向，物体受力 = 物体质量 × 加速度（$\vec{F} = m\vec{a}$）。

若在外层空间没有阻力的情况下，往前丢一颗球，球就会一直飞，停不下来。

3　牛顿第三运动定律

牛顿第三运动定律又称为作用力与反作用力，他认为当 A 施予 B 作用力时，B 同时也会给 A 一个反作用力，就像是我们用右手去打左手，右手也会受到反作用力而觉得痛喔！

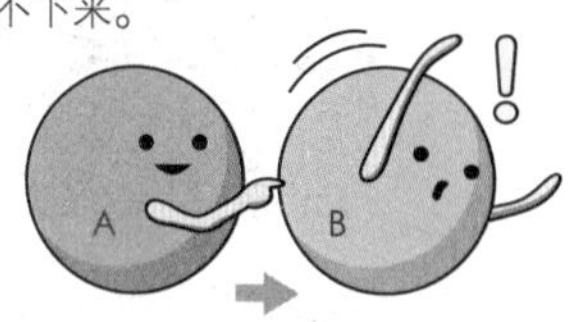

A 球撞 B 球，B 球受力。

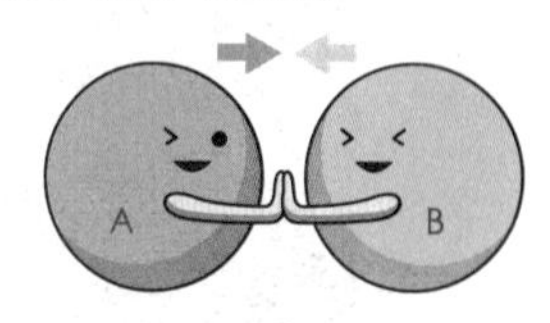

B 球同时也给 A 球一个反作用力，A 球受力。

作用力与反作用力的特性

- 大小相等、方向相反：作用力与反作用力大小必须相等，方向必相反。
- 作用在不同物体上：作用力与反作用力存在于两个物体之间，并且作用在对方身上。
- 同时出现同时消失：作用力与反作用力必同时出现同时消失。

4　圆周运动

圆周运动，在一开始大多数的人都认为有一个离开圆心的力，作用在物体上，就连牛顿也是这么认为，直到后来受到另外一位科学家虎克的影响，才将圆周运动修正为有一个向着圆心的力作用在物体上。

拿线绑在小玩具上，用手抓着线甩动，这个抓住线的力就是向心力。

5　万有引力定律

虽然牛顿并没有真正被苹果砸到，但他还是提出了万有引力定律，任两个物体，彼此之间存在着吸引力，其大小和物体质量大小成正比，和物体彼此之间的距离成反比；再结合他发表的圆周运动向心力的理论，便成功解释了月亮绕地球以及开普勒的行星运动定律。

科学好好玩 58 漂亮的布丁

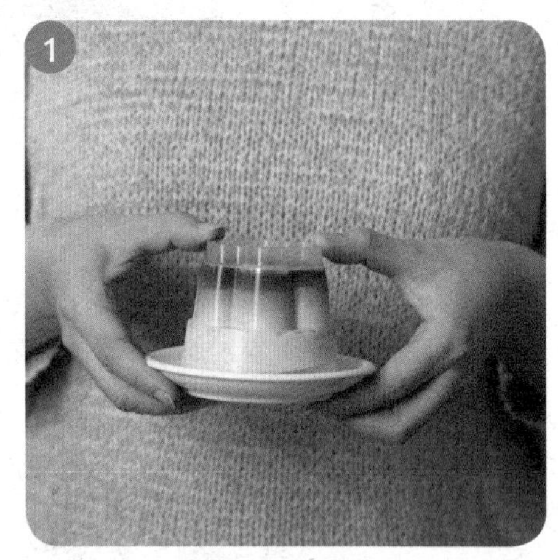
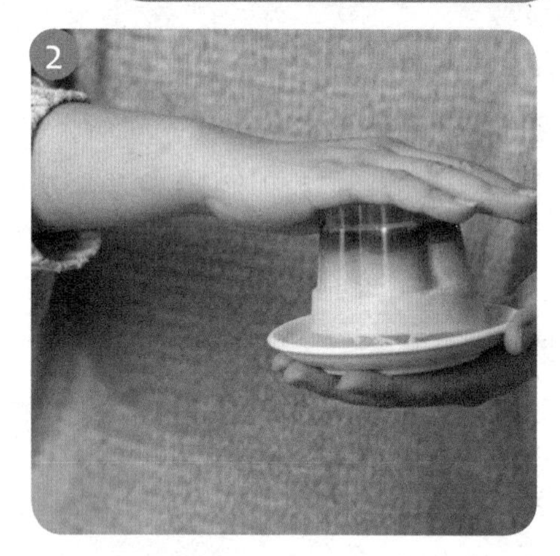

摇一摇就可以金蝉脱壳

原本布丁和容器间没有缝隙，布丁会被大气压力顶着而不会掉下来，在快速旋转的时候，布丁会变形，和容器间产生小缝隙，当空气跑进去，布丁就会掉下来。

难易度	★☆☆☆☆
家长陪同	□必须 ■可自主

实验材料

布丁、果冻或茶冻

实验步骤

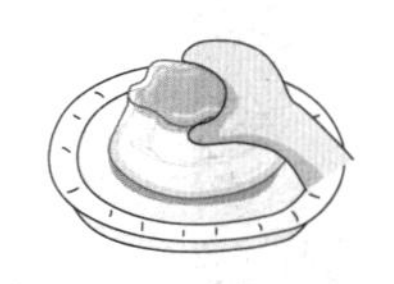

1 将布丁倒扣在盘子上，拿在手上。

2 身体快速转一圈。

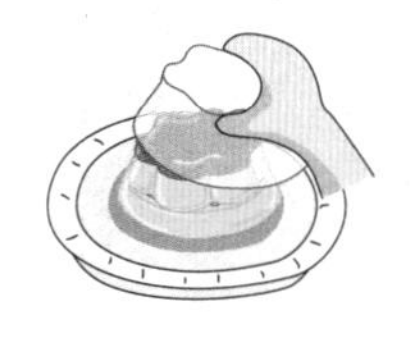

3 布丁就会掉下来！

4 不只布丁，果冻、茶冻都可以喔，快点试试看！

从点心到医疗，运用广泛的圆周运动

生活小教室

●脱水机

脱水机利用圆周运动高速旋转，将衣服的水份脱掉。

●离心机

医疗用的离心机利用圆周运动将液体中的不同成份分离，比如离心机可以将血液中的血小板、血球和血浆分离，许多运动员扭伤后，就会用离心机取出自己血液中的血小板，打入受伤处来加速复原。

●棉花糖

棉花糖机里放糖的地方会有一个旋转及加热的机器，将糖放入机器中，糖会加热到熔化，棉花糖机器装着熔化的糖做高速旋转，因为速度太快，熔化的糖没有办法被机器提供的向心力抓住，于是就飞出来形成一丝丝的糖。

科学好好玩 59 蛋落水

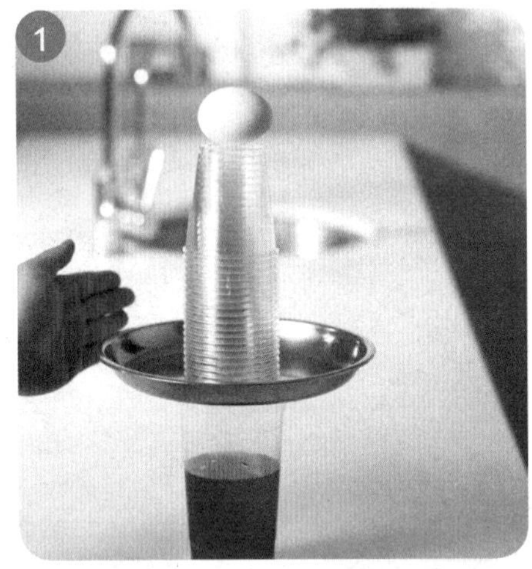

为什么蛋会往下掉，而不是往外飞？

根据惯性定律，鸡蛋会有想要待在原位置不动的惯性，因此当我们从侧面快速拍掉盘子时，鸡蛋瞬间会停留在原位置，接着受到重力作用，就会掉入水中了。

难易度	★★★★☆
家长陪同	□必须 ■可自主

LESSON 20

实验材料

1. 鸡蛋　2. 水杯　3. 纸板　4. 纸卷

实验步骤

1 将水杯装水。

2 把纸板、纸卷、鸡蛋依序叠好。

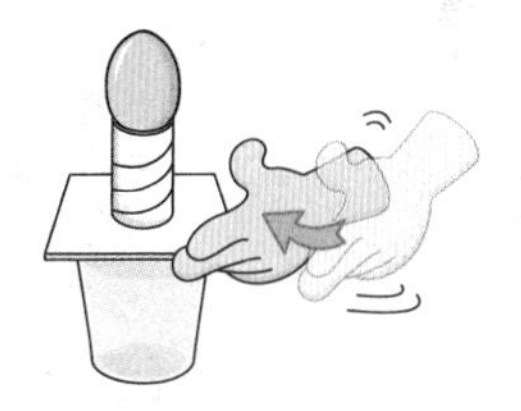

3 快速从侧面拍掉纸板。

4 鸡蛋如果掉入水里就成功了！

常见的惯性动作

1 车子突然停下来时，我们会因为惯性往前冲，所以要绑上安全带。
2 当圆珠笔快没水时，用力甩笔，让墨水可以依惯性跑到笔尖。
3 为什么100米赛跑的跑道不是刚好100米，多出来的一段有什么用处呢？因为往前冲刺时，惯性会让我们较难停下来。如果在100米处强制停下来，身体容易受伤，选手也不易发挥，所以跑道才必须延长一点距离，让选手可以慢慢停下来。

科学好好玩 60 牛奶糖破椰子

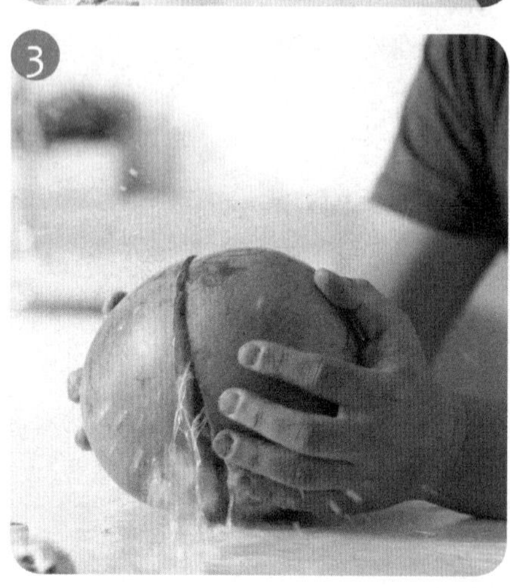

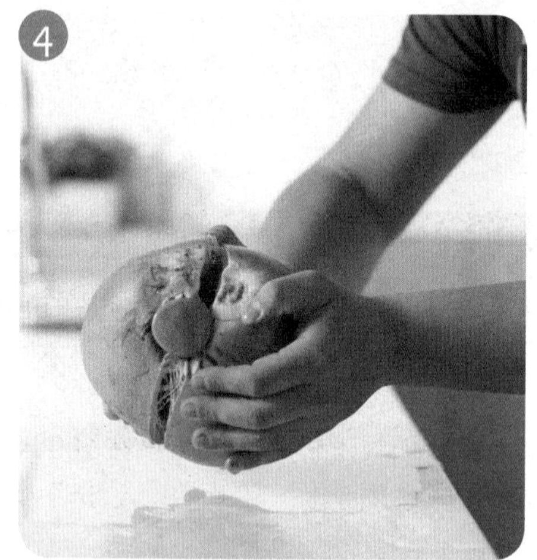

牛奶糖比椰子壳还要硬吗？

根据作用力与反作用力，把椰子往牛奶糖砸去，也就是给牛奶糖一个作用力，牛奶糖也会给椰子一个反作用力，又因为椰子和牛奶糖的接触面，只有牛奶糖的尖端一小块面积，因此受到的压力变大，椰子壳承受不住，便会裂开。

难易度	★★★★☆
家长陪同	□必须 ■可自主

LESSON 20

实验材料

1. 牛奶糖

2. 新鲜的椰子

3. 杯子

实验步骤

1 取出大约8颗牛奶糖，揉在一起。

2 将牛奶糖块捏成尖状，然后立在桌上。

3 挑选新鲜的椰子，将较柔软的部位对准牛奶糖，用力敲下。

4 用杯子盛装破开流出的椰子汁。

生活小教室

追赶跑跳都不能缺少它

1 走路：脚往后对地板施力，地面给脚反作用力，使人前进。
2 游泳：手和脚将水往后拨，水给人反作用力而向前游。
3 鸟类飞行：鸟用力拍打空气，空气给鸟反作用力，让鸟向上飞行。
4 球落地反弹：球落到地上撞击地板，地板给球反作用力，让球向上反弹。

走路

使人前进
地板对脚的反作用力
脚对地板施力

游泳

球落地反弹

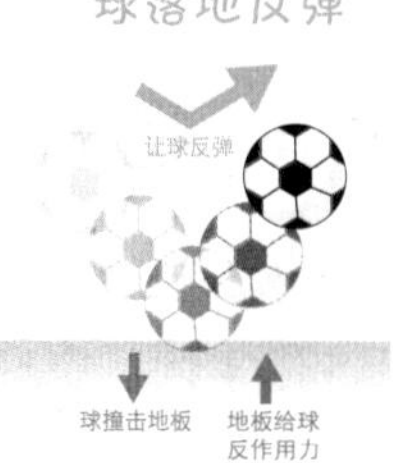

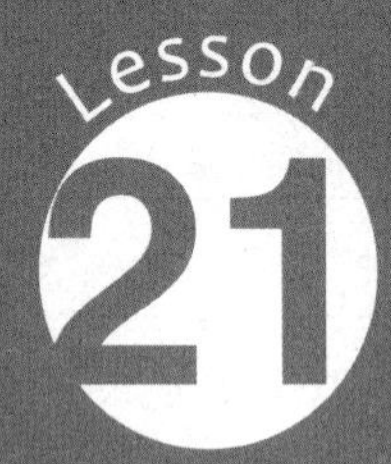

飞天遁地凭什么？不简单的功与能

比赛中棒球投手用力投出球后，棒球以非常快的速度往前飞，打击者也用力将球击飞，在这整段过程中，除了投出和打击的那一瞬间，棒球有受力之外，其余时间都没有受力，棒球究竟是靠什么在空中飞行的呢？

正正得正，不作白“功”

当力作用在物体上时，会改变物体的速率大小，当作用力与物体位移方向相同时，物体速率上升，则力对物体作正功；反之，作用力与物体位移方向相反时，物体速率下降，则力对物体作负功；如果作用力与物体垂直，则速率不会改变，力对物体不作功。

球从空中落下，重力和位移同方向，重力作正功，球的速率上升。

动摩擦力和空气阻力方向皆与运动方向相反，作负功，会使物体慢慢停下。

车子转弯时，圆周运动的向心力改变了我们前进的方向，但因为向心力和转弯方向垂直，所以不作功，速率也不变。

有作功，就有“能”

如果一个物体能够对其他物体作功，我们便称这个东西有能，在生活中常见的有动能、位能、热能、化学能、电能、核能、声能、光能等，但许多能量，其实都可以用动能或位能来表达！

能量种类	表达形式
动　能	物体拥有速率，就可对外界作功，称为动能。
势　能	常见的位能有重力、弹力和电位能，在重力、弹力和电力的影响下，物体拥有作功的能力。
热　能	热能是存在于物体内的能量，从细微来说，是物质粒子运动能量和位能的一种！
化学能	通常是指化学物质所放出的能量，属于位能的一种。
电　能	电能是电子流动时，电子所拥有的动能。
核　能	通常是指原子所拥有的能量，包含动能与位能。
声　能	声音是通过空气分子震动来传递，属于动能的一种。
光　能	光子传递时所拥有的能量。

世上的能量都是一样的

1843 年，英国科学家焦耳提出，在这个世界上，所有能量的总量永远都是一样的，能量可以以不同的形式在物体之间流动交换，比如刹车时，地面和轮胎的磨擦，会将动能转换成热能。还有其他能量的转换，例如：

1. 电能转变成光能和热能。 2. 光能转变成电能。 3. 化学能转变成电能。 4. 化学能转变成动能。

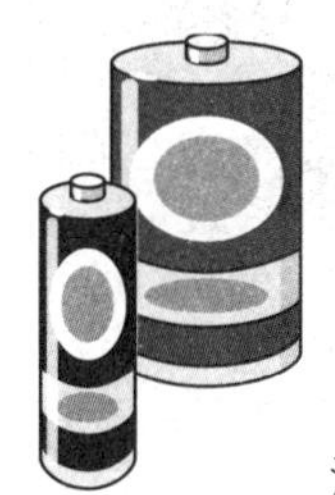

汽油燃烧时，产生化学反应，放出来的气体推动引擎，产生动能。

能源危机、生物危机，你选哪一个？

核能的应用从 20 世纪开始，到现在许多国家的电力来源，核能都占了其中一部分，核能的应用来自于爱因斯坦提出的质能互换公式 $E=mc^2$，当原子在进行核反应时，会有部分的质量损耗，并且以热能的形式放出，每一克的质量，大约可以产生 2500 万度电的能量。虽然核能便宜且量大，但核能应用后所产生的废料，会对生物产生伤害，是非常大的问题。

我们现在所使用的能量，追根究底，其实是地球诞生后，几十亿年来所储存的太阳能。能源危机的概念最早始于 1843 年，焦耳研究当时最先进的蒸气，发现其中有 90% 的能量被浪费掉了，他推论未来会因为这些被浪费掉的能量而产生“能源危机”。

现在的能源危机，是指石油、煤等石化燃料可能快要用完，因此许多国家都积极寻找可以替代石化燃料的再生性能源，比如风力、水力、太阳能、潮汐和地热等。

风力发电

水力发电

科学好好玩 61 火柴火箭

冲啊！火箭动力的来源

燃烧前端的火柴，受热后产生热及气体，因为铝箔接近封闭的状态，气体无处释放，便对铝箔作功，推动铝箔产生动能，就飞出去啦！

难易度	★★★★☆
家长陪同	■必须 □可自主

实验材料

1. 蜡烛

2. 打火机

3. 火柴

4. 竹签

5. 铝箔纸

实验步骤

1 取一段铝箔纸，卷在竹签上，将前端封闭。

2 取下铝箔纸卷，摘下火柴头，塞入铝箔纸卷中。

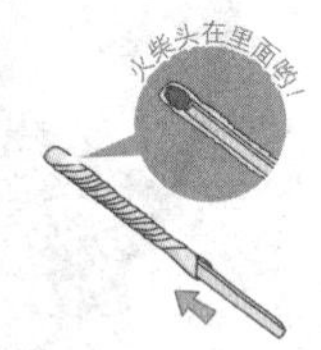

3 用竹签将火柴头顶至前端，完成火柴火箭。

4 在铝箔纸前端点火，就能发射火箭啰！注意，千万不要对着人！

生活小教室

从电池到火箭，功与能无所不在

● 火箭

一开始火箭的名词是指很久以前，中国人使用火药绑在箭上，来增加箭的威力，到后来因为相同的原理，使得太空火箭延续了这个名字，火箭在燃烧燃料时，放出大量的气体，推动火箭升空。

● 汽车引擎

汽车内的引擎燃烧汽油后，产生的气体推动引擎来带动转轴旋转。

● 子弹

扣下板机时，撞针会去撞击子弹底部，产生火花并点燃子弹底部的火药，火药在手枪内爆炸，推动子弹头产生前进的动能。

● 电池

电池内的化学能，转变成电能，再转成马达的动能，就可以带动许多玩具、小风扇等电器的使用。

科学好好玩  回力车

橡皮筋为什么能往前跑？？

以笔来说，用手稍微施力，可以看到笔被稍微折弯，手放开后就变直，这种恢复力就是弹力。弹力会根据物质本身的性质和打造的形状，而具有不同的恢复大小。回力车使用的就是橡皮筋的弹力，旋转木棍，让橡皮筋变形，弹力势能增加，放到桌上后，橡皮筋的弹力势能便会释放出来，转成塑料罐的动能。

难易度	★★☆☆☆
家长陪同	□必须 ■可自主

实验材料

1. 圆柱状塑料罐

2. 木棍

3. 橡皮筋

4. 垫片

5. 牙签

6. 酒精胶

实验步骤

1 将圆柱状塑料罐顶部和底部钻洞。

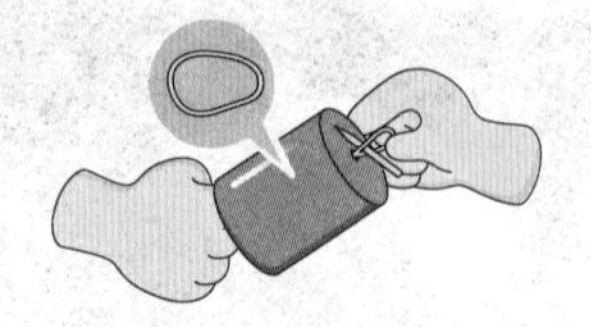
2 将橡皮筋穿过塑料罐底部，并用牙签固定。

3 将橡皮筋依次穿过塑料罐顶部和垫片，再用木棍固定。

4 用酒精胶将牙签固定。

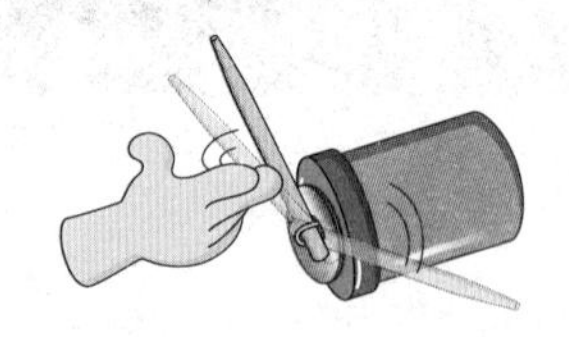
5 转动木棍，增加橡皮筋的弹力势能。

6 放在平面上，释放回力车冲刺吧！

弹簧与虎克定律

虎克发现，弹簧下挂得愈重，弹簧会被拉得愈长，但如果重量超过弹簧可以承受的范围，弹簧就会疲乏，无法恢复原状。不同种类的弹簧，将弹簧拉长所需要的力都不一样。当拉长弹簧需要的力越大时，弹力系数（k 值）就越大、越难拉；反之，弹力系数（k 值）小时，弹簧越容易拉长。

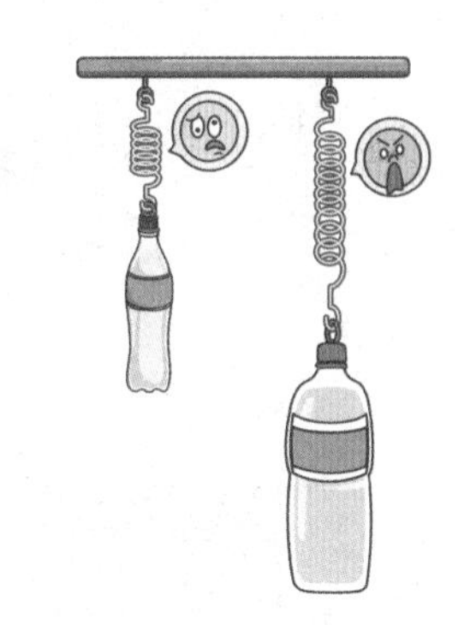

生活中弹簧使用相当广泛，例如：

压缩弹簧：应用在弹簧床、圆珠笔等。

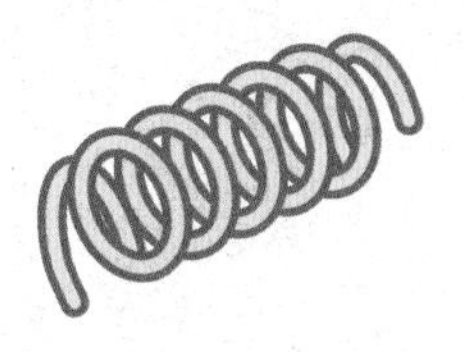

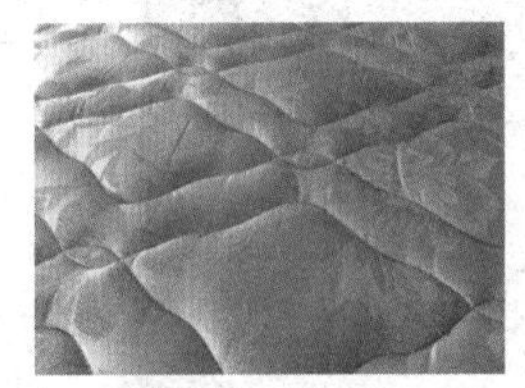

拉伸弹簧：应用在自行车脚架、健身扩胸器材等。

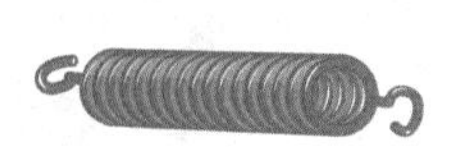

扭力弹簧：应用在修剪花木的剪刀、晒衣夹。

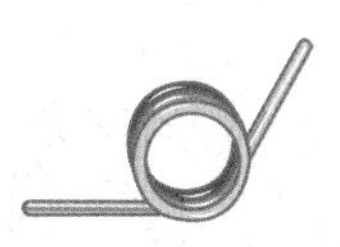

科学好好玩 63 热流走马灯

为什么杯子会自动转圈？

蜡烛放进杯子内燃烧时，会加热杯子内的空气，热空气因密度小而向上流动，并从上方杯子的孔隙流出，流出时会推动杯子，将气体流动的动能，转换为杯子的动能。

难易度	★★★★☆
家长陪同	□必须　■可自主

实验材料

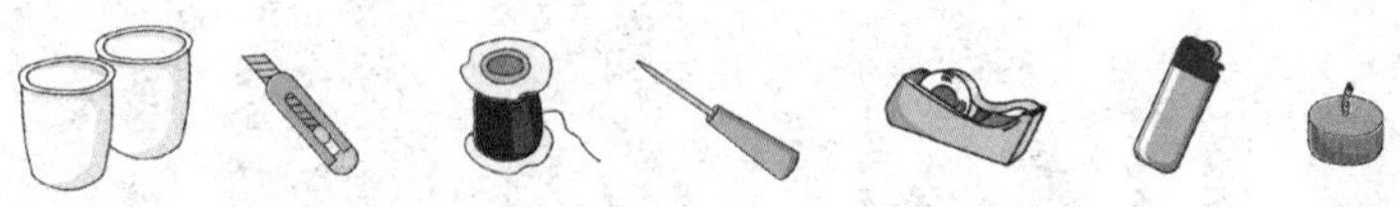

1. 两个纸杯　2. 美工刀　3. 棉线　4. 锥子　5. 胶带　6. 打火机　7. 蜡烛

实验步骤

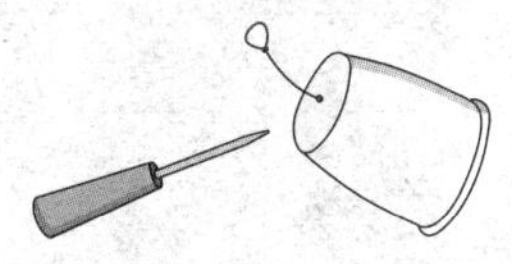

1 用锥子在其中一个杯子底部钻一个洞，并用棉线穿过，打结固定。

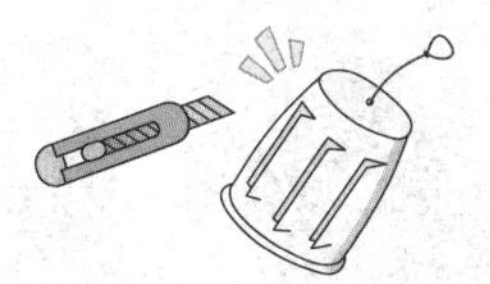

2 用美工刀在杯子旁边割出让空气流动的孔。

3 将另外一个杯子的侧边割出可以放置蜡烛的洞。

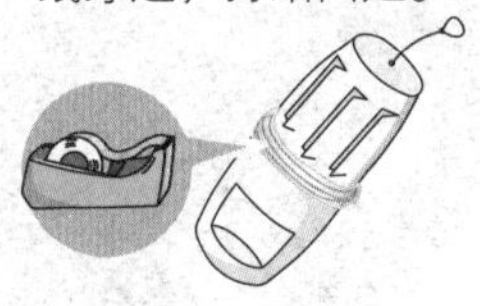

4 将两个杯子杯口对齐粘在一起。

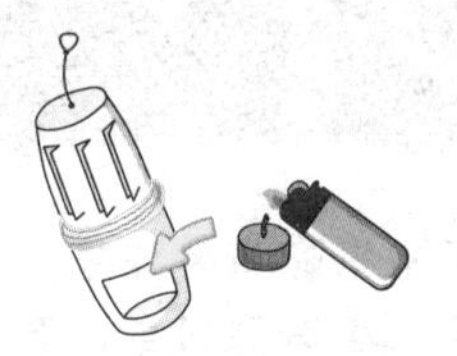

5 点燃小蜡烛，放进杯子。

6 提起棉线，观察走马灯转动。

生活小教室

热不只可以转动纸杯喔！

太阳能发电机会利用凹面镜将阳光聚焦，借着阳光的热加热水或油，随着温度上升，水或油变成蒸气后，蒸气向上，推动涡轮获得动能，再将动能转成电能。

12 月

创意玩科学

电与磁

电是我们现今生活中不可缺少的能源之一，而物理课中，电学也是非常重要的一个单元，且常常会随着磁一起出现。电化学是讨论电在化学上的应用，包括电池、电镀、电解、蚀刻等；而电与磁之间可谓密不可分，像早期映像管的电视就会利用带电粒了在磁场中转弯。

爸爸的手机搭配有触控笔，可以直接在屏幕上写字，小美很好奇，看起来跟普通的笔一样，为什么点一点屏幕就可以操作手机呢？

科学好好玩64：自制触控笔

触控笔可以在家自己做！只要铝箔纸和棉花棒就行了。

科学好好玩65：莱顿静电瓶

莱顿静电瓶是早期用来储存静电的一种装置，通过这个实验可以更加了解静电的特性。

科学好好玩66：电流大塞车

通过电池短路产生大量的热来点燃铝箔纸，是在野外紧急时用来点火的工具。

科学好好玩67：蚀刻写名字

印象中很困难的蚀刻工艺，在家用盐水、棉花棒和电池，就可以做喔。

科学好好玩68：氢氧电池

氢氧燃料电池是现今努力研究的一种环保电池，通过这个实验，好好了解一下吧。

科学好好玩69：木炭电池

你知道木炭也可以导电吗？原理就跟干电池中的碳棒一样。

科学好好玩70：单极马达

用电池、磁铁和铜线，就可以做简易马达。

科学好好玩71：自制喇叭

喇叭是运用磁场与磁铁吸引排斥的原理来发出声音，学会之后，在家自制喇叭一点都不难。

科学好好玩72：自制手电筒

自制手电筒跟发电机的原理相同，用随手可得的材料就可以做！

电从哪里来？物体摩擦就能产生电

在公元前五六百年，人类就发现物体摩擦后，可以吸引其他东西，之后经过研究，才知道是因为摩擦让两个物体之间带电。物质摩擦带电，主要是物质内带电的电子因摩擦获得能量后跑掉，使得物质一边带正电，一边带负电，而这种电如果存在物质中且不移动，便称为静电。

古老的地中海文献中，就记录了琥珀摩擦猫毛之后，可以吸引羽毛的现象。

因为玻璃棒比较容易失去电子，所以玻璃棒和丝绢摩擦后，玻璃棒带正电，丝绢带负电。

电“流”真的会流动吗？

电荷一旦开始流动，便会形成电流。在电线中电荷流动是以电子为主，但常听到的电流方向是指正电荷流动的方向。

电流分为直流电和交流电两种，若是电流的方向是一直固定的，不会随时间改变，此种电流称为直流电；反之，若是电流的方向会随着时间而改变，则称为交流电，家里插座所流出的电流便是交流电。

●电子如何流动

电子在导线里流动，必须受到电压的推动，就像水会因为高低差而流动，电要流动一样需要高低差，而这个高低差我们称为“电压”。电子会从高能量往低能量移动。

●导体

导体指的是能够让电流通过的材料，也就是可以让电荷在物体内自由流动的材料，常见的导体有金属、石墨和电解质溶液。

●半导体

半导体的导电性，在绝缘体和导体之间。半导体的导电能力刚好与金属相反，温度越高时，半导体的导电能力越强，所以当机器运转时产生的热让温度上升，半导体导电能力会随着上升，因此半导体常应用在科技产业中。

晶圆

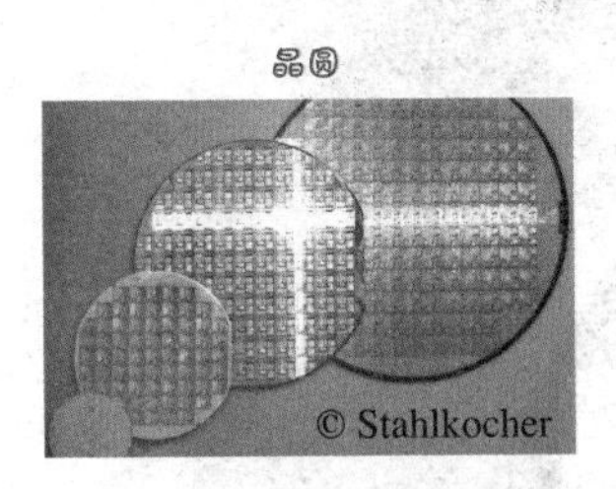

IC(缩小型电路)

LED(发光二极管：以半导体制成的发光体)

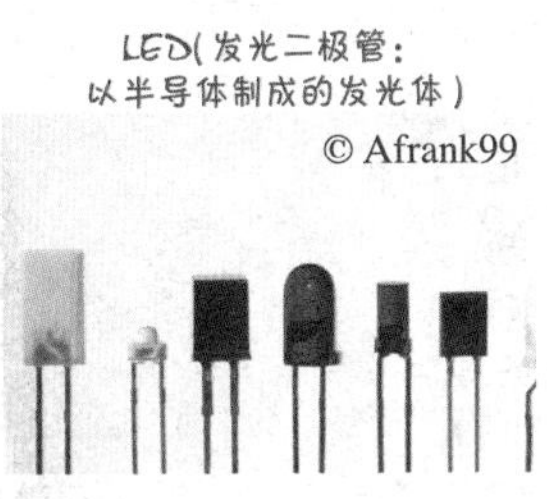

●超导体

室温下，电子流动时如果碰撞到电路内的阻碍（电阻），会让电子能量耗损，而超导体是指某些物质，降到特定温度后，电子和电阻的碰撞并不会消耗能量，所以可以做长距离的电力传输。

能量消耗

超导体

●创世纪计划

在日本有科学家提出了创世纪计划，通过在各大沙漠铺设太阳能板和风力发电机，再将电力传输到全世界，就可以 24 小时不间断地供应全球电力。

这个计划最困难的地方，就是必须要有室温超导体，才能将电力传输到全球各地而没有损耗。目前最高温的超导体是 −70℃左右的硫化氢，只要超导体能够在约 0℃时运作，将会兴起一波新的能源革命。

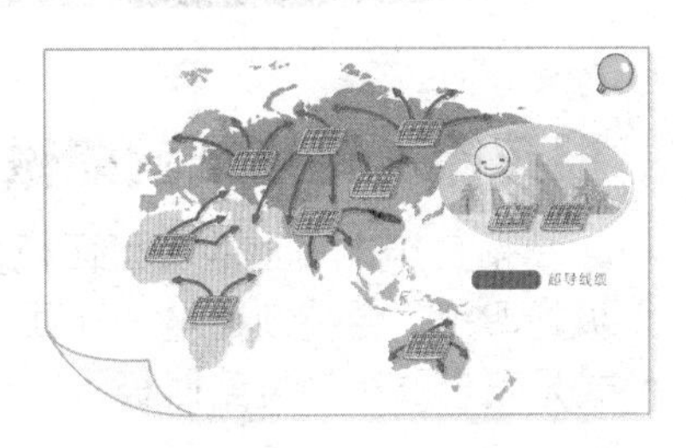

科学好好玩 64 自制触控笔

棉花棒 + 铝箔纸就能做触控笔？

前几年市面上的手机面板多属于电容式面板（电容是一种储存电荷的装置），在面板的四角，会持续通电，让面板的电容维持一个定值，此时，只要是任何的导体，金属或是我们的手触碰到面板，改变了面板的电容，通过电容的变化，进而下达指令。

难易度	★☆☆☆☆
家长陪同	□必须 ■可自主

实验材料

1. 铝箔纸　2. 棉花棒　3. 剪刀

实验步骤

1 剪一小块铝箔纸。

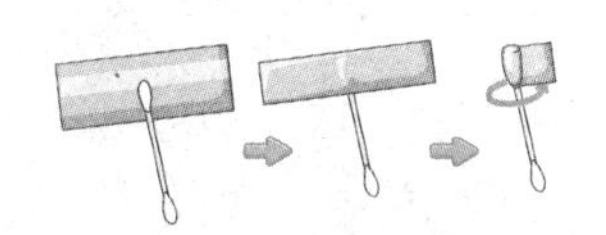

2 把棉花棒的一端包起来。

3 用包了铝箔纸的一端在手机屏幕上点点看。

4 不只手机，iPad 也可以使用。

愈来愈常见的触控装置

电阻式触控面板有上下两层导电层，用隔球隔开，按压面板，会使导电层互相接触，改变电阻值，通过电阻变化来推算面板的接触位置。电阻式面板成本较低，因此广泛使用在掌上电脑、点餐机、电子字典、信用卡签名机上，但是因为长期敲击按压的关系，会比较容易损坏，灵敏度也较低，所以目前 3C 产品多是电容式。

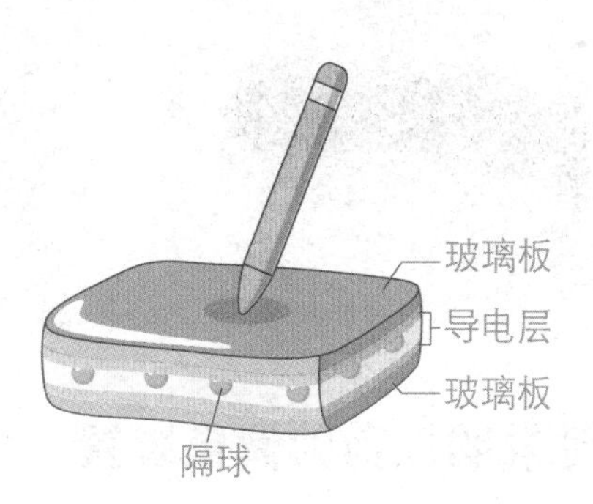

科学好好玩 65 莱顿静电瓶

电池发明以前的储电装置

莱顿静电瓶是一种储存静电的装置，早期电池还没有出现的时候，莱顿静电瓶是电学研究时的供电来源。

难易度	★★☆☆☆
家长陪同	□必须 ■可自主

实验材料

1. 塑料杯两个

2. 铝箔纸

3. 塑料管

4. 布

实验步骤

1 用铝箔纸把两个塑胶杯外面包起来。

2 将铝箔撕成一个长条，将两个杯子叠起来，长条铝箔纸夹在中间。

3 用布摩擦塑料管后，拿塑料管接触长条铝箔，重复此步骤数次。

4 用一只手握着杯子，另一只手触摸长条铝箔纸，会发生什么事呢？

静电瓶怎么储电呢？？

生活小教室

1 将摩擦后带负电的塑胶管接触静电瓶中间的金属棒。

2 电子会沿着金属棒跑到瓶内的铝箔，并且吸引瓶外铝箔上的正电。

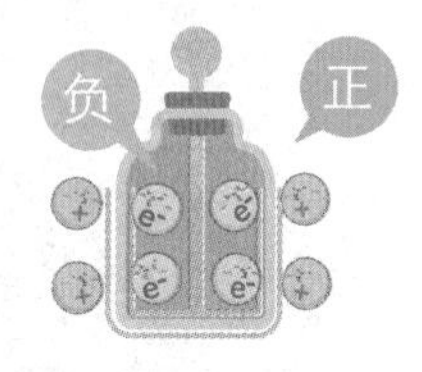

3 此时会将瓶外的铝箔接地，让瓶外铝箔的电子延着导线跑掉。

4 此刻形成瓶内带负电，瓶外带正电的状态。

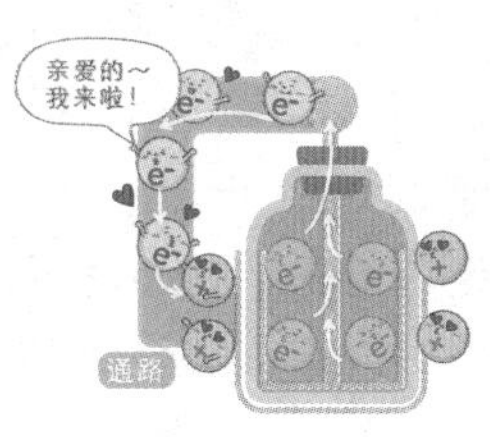

静电瓶又要怎样放电呢？只要将静电瓶内外接上，形成通路，电子就会朝喜爱的正电方向跑去，就会感觉到电啦！

科学好好玩 66 电流大塞车

电流塞车会怎样?

在新闻中常看到电线老旧短路走火，由此可以知道，原来电流在线路里面传送时，如果短路会快速发热，让电线烧断。因此我们将铝箔纸裁成中间凹陷的弧形，让电阻变高，在短路情况下，就会放出大量的热，造成卫生纸燃烧。

难易度	★★★★★
家长陪同	■必须 □可自主

实验材料

1. 干电池

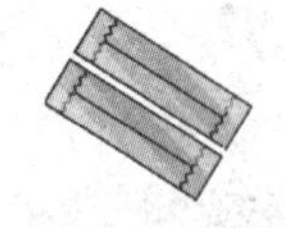
2. 口香糖铝箔包纸

3. 剪刀

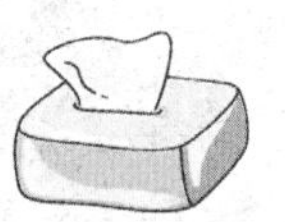
4. 卫生纸

实验步骤

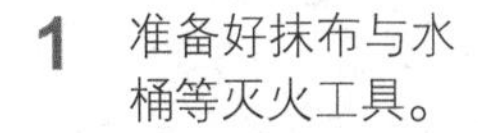
1 准备好抹布与水桶等灭火工具。

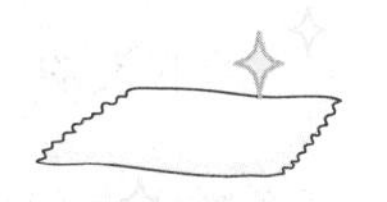
2 拿一张卫生纸。

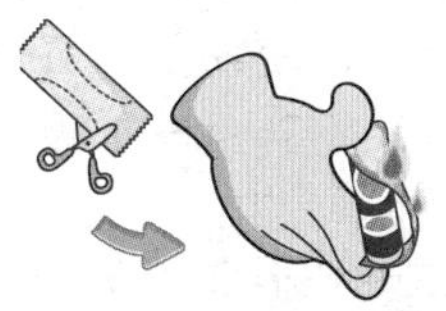
3 把口香糖的铝箔纸两侧剪成凹的弧形，放在电池正负极上。

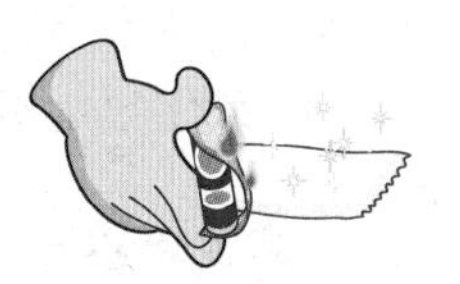
4 中间对着卫生纸，即可燃烧。

家里有哪些“将电转成热能”的器具呢?

生活小教室

这种因为电产生热能的现象，我们称为电流的热效应，许多电器在使用时都会产生热能，多数热能散失到空气中。但有些加热的家电，在使用上便是利用这样的原理喔！

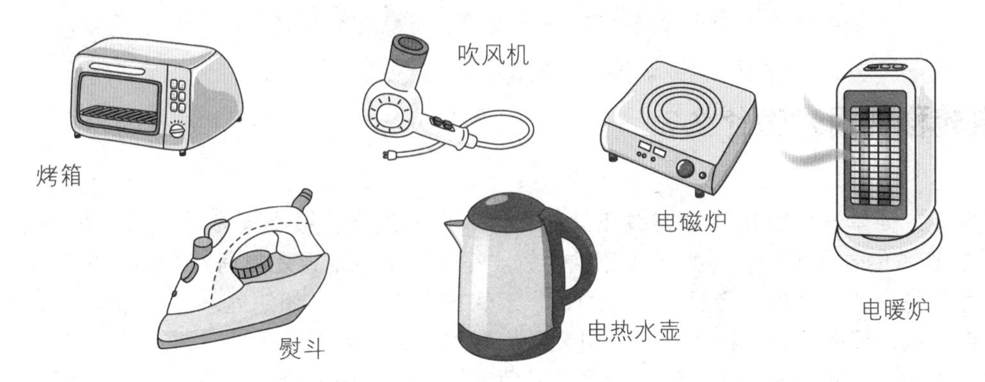

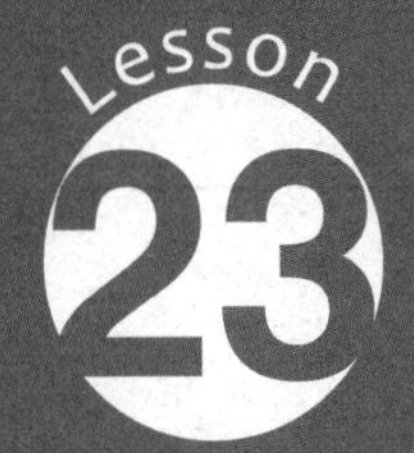

把水变电池！氧化还原造成的电转移

电化学是化学中的一个分支，主要是讨论发生电转移的化学反应，比如电镀、电解、电池等，其原理为物质之间发生氧化还原反应，造成电的转移。

- 氧化是指物质失去电子，使物质的氧化数上升。
- 还原是指物质得到电子，使物质的氧化数下降。
- 氧化数是指化合物中，元素对电子吸引力不同，所假设的相对带电量。

因为氧化还原是一起发生的，有物质失去电子就会有物质得到电子。发生氧化的物质当作还原剂，使另外一个物质得到电子而还原；反之，发生还原的物质当作氧化剂，使另外一个物质失去电子而氧化。

当物质发生氧化还原反应时，我们可以物质氧化的倾向或还原的倾向来判断，以金属为例，我们会用金属的活性来判断什么物质氧化，什么物质还原。以铜和铁为例，因为铁比铜的氧化倾向更大，因此当铁钉泡在含有铜离子的硫酸铜溶液中，铜离子就会和铁进行氧化还原，铜离子还原成铜，铁则氧化成铁离子。

大 K Ba Ca Na Mg Al Mn Zn Cr Fe Cd Co Ni Sn Pb Sb Bi Cu Hg Ag Pd Pt Au 小

•金属活性大小（以氧化还原电位排序）

电转移能用来做什么？

●电镀

“电镀”简单来说就是将金属镀在其他物体表面的过程，镀不同金属的目的都不太一样，比如在铁的表面镀铜，是为了避免铁生锈。在生活中，电镀还具有什么功用呢？

1. 为了防止金属生锈，会镀活性低的铜，来保护金属内部，如钥匙。
2. 镀上金、银或铜，使物体拥有金属光泽、增加美观，如项链。
3. 提高物品的耐磨度。外层镀上金属，避免直接磨损里面的金属，如手机。

4 提升产品价值及质感。在铁制的戒指上镀上一层黄金，外观就像金戒指一样！

●电解

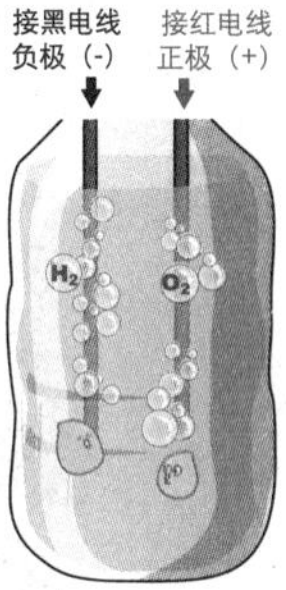

电解是对电解质或熔融态的物质通电，在两极会产生氧化还原反应，借此得到化合物或元素。以电解水为例，电解水时，水会在两极产生氧化还原反应，正极会产生氧气，负极产生氢气，再通过排水集气法，就可以得到较纯的氢和氧。

在工业上有许多元素都是利用电解来制作，例如：

1 电解熔融态的氯化钠，可在阴极获得金属钠，阳极获得氯气。
2 电解熔融态的氧化铝，可在阴极获得金属铝。
3 铜元素从铜矿中提炼出后，因为所含杂质较多，所以会再进行一次电解，来获得纯度较高的精铜。

●电池

电池的电是来自两种物质发生氧化还原时，所转移的电子，我们将电器接极，使整个回路形成通路，电子就会流经电器，使电器运作。随着使用，电成氧化还原的越多，电就会越来越少，直到反应完毕。

1 最早的化学电池

最早的化学电池是科学家伏特发明的伏特电堆，他是利用两种不同活性的金一层沾满盐水的布所堆叠起来的。

© Luigi Chiesa

2 最早的储电装置

其实最早的储电装置是先前介绍过的莱顿静电瓶，但莱顿静电瓶只能一次性的放电，之后必须再充电，因此算是电容，而不是电池！

3 充电电池

生活中有许多电池是可以反复使用的，比如汽车电瓶、手机电池和一般 3A 大小的充电电池，这些电池是将放电后的产物，再次通电电解，将反应后的产物电解回尚未产生反应前的状态，以此重复使用。

科学好好玩 67 蚀刻写名字

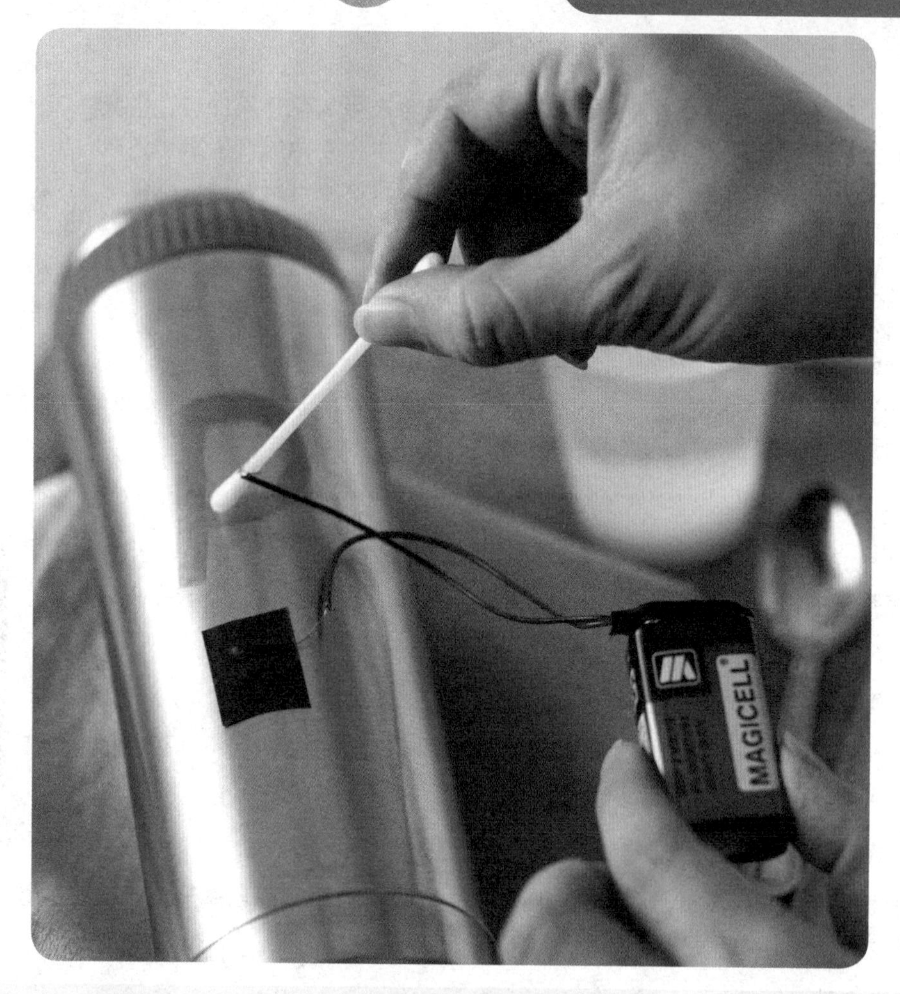

棉花棒 + 盐水 + 电池，在家也能做电镀

通电蚀刻是用棉花棒沾浓盐水后，利用盐水和金属发生氧化还原反应，金属会氧化变成金属离子，让金属被腐蚀，使表面产生凹陷，就可以得到自己想要的图案或文字哦。

难易度	★★☆☆☆
家长陪同	□必须 ■可自主

实验材料

1. 浓盐水

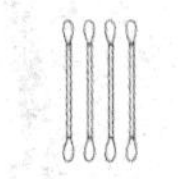
2. 棉花棒

3. 积层电池

4. 积层电池底座

5. 汤匙

6. 电火布

实验步骤

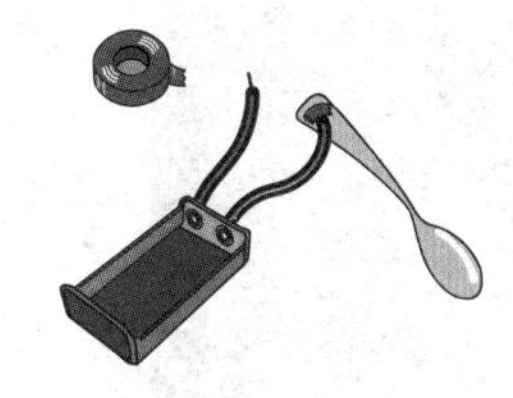
1 取电池座正极一端电线，用电火布贴在汤匙柄的底部。

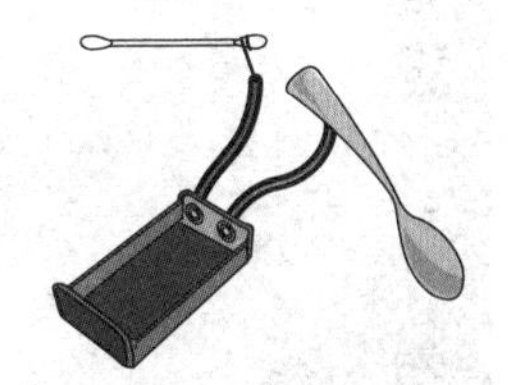
2 另一端负极电线缠绕在棉花棒的一端。

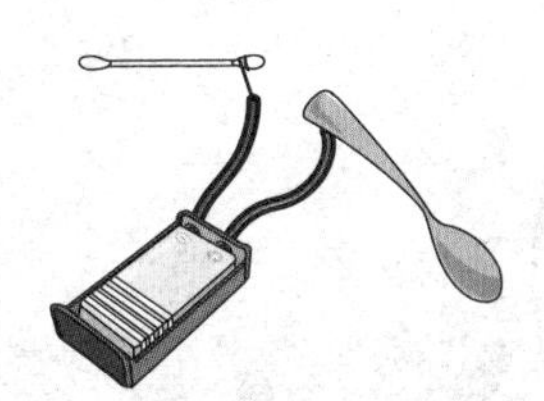
3 装上积层电池。

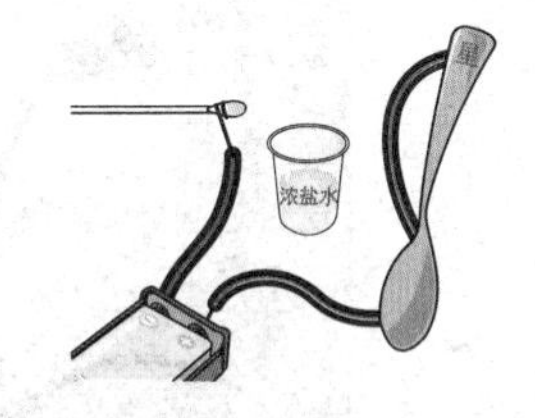

4 用棉花棒沾盐水，在汤匙柄上用力写下自己的名字。

蚀刻有两种，干式和湿式

生活小教室

蚀刻是指将金属表面去除，显现出独特的纹路。方法有两种，化学的湿式蚀刻及物理的干式蚀刻。

湿式蚀刻是利用药剂与物质进行氧化还原来达到蚀刻的效果，如果是利用通电的蚀刻方法，则金属活性越高，所需的电压越小；如果活性不大，则通电所需的电压就越大。

干式蚀刻是利用惰性气体离子，高速撞击欲去除的部分。干式蚀刻会在一个容器内，施以电压，将惰性气体离子化，而在阴极的靶材，因为带负电，所以会吸引带正电的气体离子加速冲击，产生蚀刻的效果。

科学好好玩 68 氢氧电池

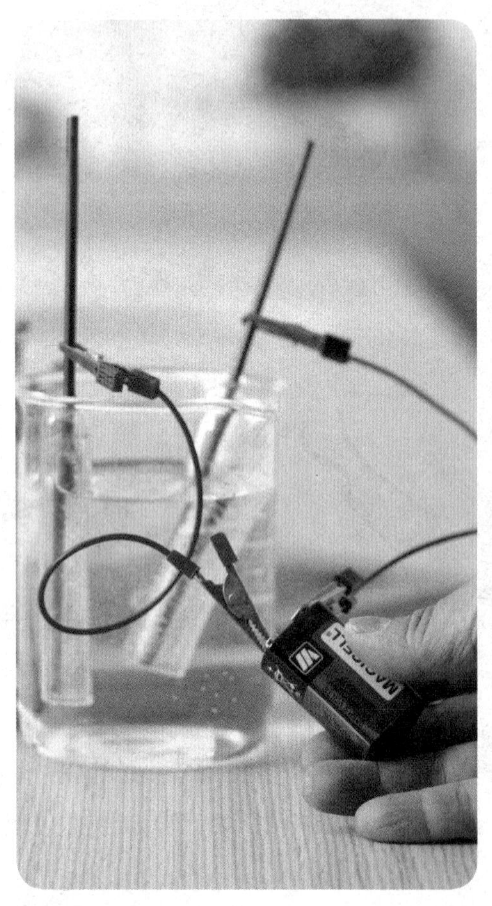

把水变成电池？！

氢氧电池是通过电解水进行氧化还原反应，产生氢气和氧气，再利用氢氧进行逆反应而放电。

难易度	★★★★★
家长陪同	■必须 □可自主

实验材料

1. 透明吸管

2. 胶带

3. 矿泉水瓶

4. 氢氧化钠

5. 碳棒两根

6. 鳄鱼夹

7. 积层电池

8. LED 灯

实验步骤

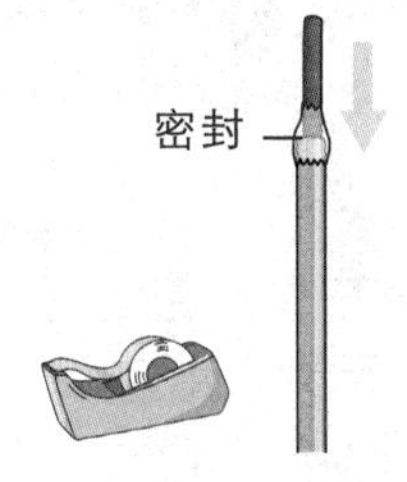

1 将透明吸管剪半，并用胶带密封在碳棒上。

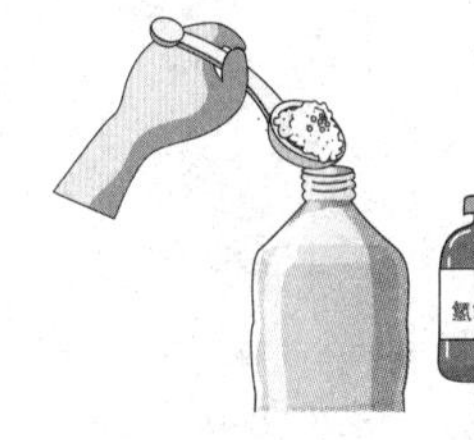

2 将氢氧化钠装入矿泉水瓶加水。

3 在瓶盖上穿两个孔后，将碳棒插入瓶盖并盖起。

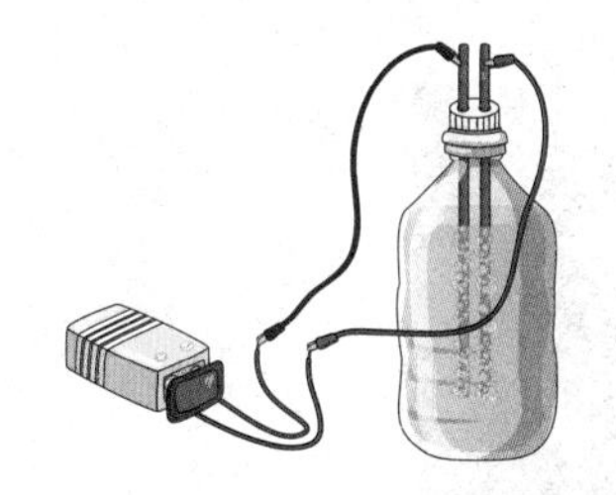

4 将鳄鱼夹接上碳棒和电池通电观察，此时负极产生氢气、正极产生氧气。

等待约10分钟

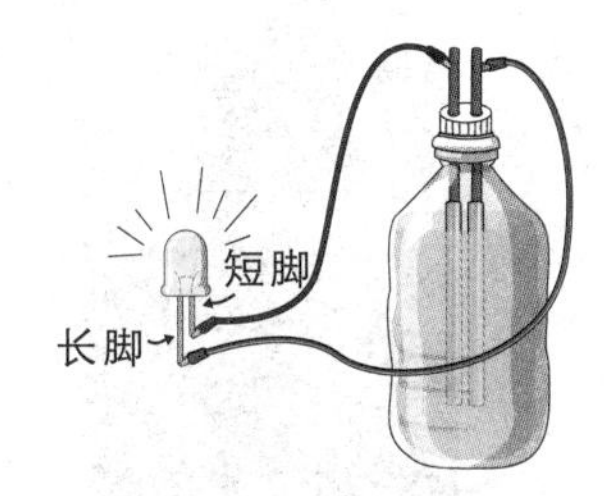

5 将电池取下，将正极（氧气端）接上 LED 长脚、负极（氢气端）接上 LED 短脚，观察灯是否亮起。

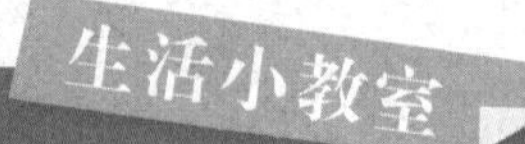

新型能源：氢燃料电池

燃料电池是一种新型的前瞻性能源，是利用燃料来进行发电的电池，氢燃料电池是借助触媒，将氢的电子和质子分开，电子通过外电路，来供给电器使用，最后再与质子和氧气结合变成水。

●优点

1. 氢燃料电池补充的是氢燃料，只要有足够的燃料补充，便可以持续运作。
2. 氢燃料的发电效率是传统火力发电的2~3倍，是极有效率的发电方式。
3. 氢燃料最后的产物是水，没有污染的问题。

●缺点

1. 氢燃料电池的电极是利用白金做成，成本较高。
2. 比较适合中低瓦数的发电，如果要使用燃料电池作为发电厂的发电来源，就需要使用较便宜的固态氧化物燃料电池。
3. 储存氢能源的材料价格昂贵。

●应用

因为氢能源是一种干净的能源，也受到许多科学家的重视，氢燃料电池最早应用在航天中，是除了太阳能外，航天飞机上的第二种能源，且产生的水还可以供给航天员饮用，而现在也有许多汽车厂在致力研发氢燃料电池，作为车辆的动力来源，减少污染。

航天飞机使用的氢燃料电池。

氢燃料电池作为汽车引擎动力。

科学好好玩 69 木炭电池

原来木炭可以导电！

木炭电池的材料为铝及氧，铝和空气中的氧进行氧化还原反应，铝因为活性大，失去电子而氧化，氧则获得电子而还原，木炭则是导体，木炭必须是备长炭或是活性碳，因为其中的孔隙多，可以储存更多的氧气，且炭的纯度高，才能发挥导电的作用。

难易度	★★★★☆
家长陪同	□必须 ■可自主

实验材料

1. 备长炭

2. 盐水

3. 鳄鱼夹

4. 抹布

5. LED灯

6. 可乐铝罐

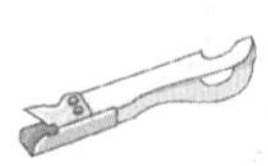
7. 开罐器

实验步骤

1 用开罐器将可乐铝罐顶部裁掉。

2 挑选三块可以放进铝罐的备长炭。

3 用抹布沾盐水，包住备长炭下半部，放入铝罐中。

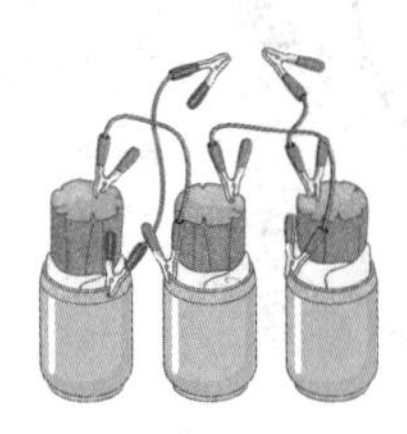

4 用鳄鱼夹以铝罐→备长炭→铝罐→备长炭→铝罐→备长炭的方式连接。

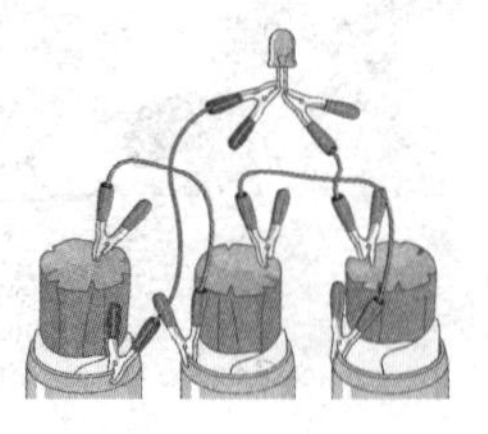

5 将前后两个鳄鱼夹接上LED灯，备长炭接长脚，铝罐接短脚。

6 观察LED灯是否发亮，如果不亮，请检查鳄鱼夹是否接错。

生活小教室

明明都是炭，哪里不一样？

备长炭又称为白炭，是因为精炼后，会撒上白色的灭火粉灭火，使外观部分变成白色。

备长炭

备长炭所使用的木材多为老目榉、马目榉等坚硬的树种，硬度非常高，钢制的锯子也无法锯断，其精炼温度高达1000℃～1200℃，所含的杂质较少，孔隙也多，除了燃烧火力强之外，也常用来滤水和过滤空气。

黑炭

我们平常烤肉用的木炭就属于黑炭，黑炭所使用的木材通常是比较软的木柴，闷烧精炼的温度大约是600℃～800℃左右，含有的杂质较多，孔隙也较少，不适合过滤水源。

活性碳

活性碳为黑色颗粒或粉末状的碳，最大的特色就是表面有许多孔洞，这些孔洞深入活性碳的内部，可以用来吸住微小的杂质，将空气或是水中的杂质过滤干净。活性碳上的细小孔隙，可以增加活性碳的表面积，让活性碳和杂质的接触面积加大，以吸住更多的杂质，一克的活性碳表面积为数百至1000平方米，最大可至1200平方米，大约八个网球场的大小！

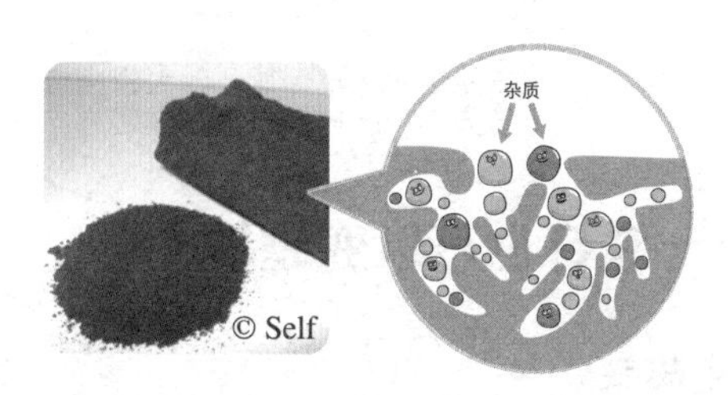

Lesson 24

有我也有他！密不可分的电与磁

以前科学家研究电和磁时，两者是互不相干的，电是电，磁是磁，直到丹麦的物理学家奥斯特，他在一次上课的时候，无意中发现通电导线附近的指南针发生偏转，才开始研究，最后发现了电与磁之间密不可分的关系。

电流越大，磁场越大

电流磁效应是描述通电导线附近会产生磁场，后来经过科学家毕奥与萨伐尔的实验，发现了磁场大小和电流强度以及距离导线的远近有关，当电流越大或距离导线越近，磁场的强度也会越大。后来经过科学家安培研究，得到了导线通电时的磁场方向。

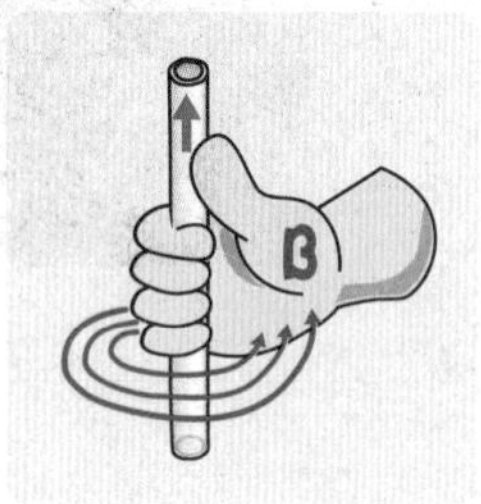

将右手握起比一个赞，以大拇指方向为电流方向，则剩余四指的握起方向就是磁场方向。

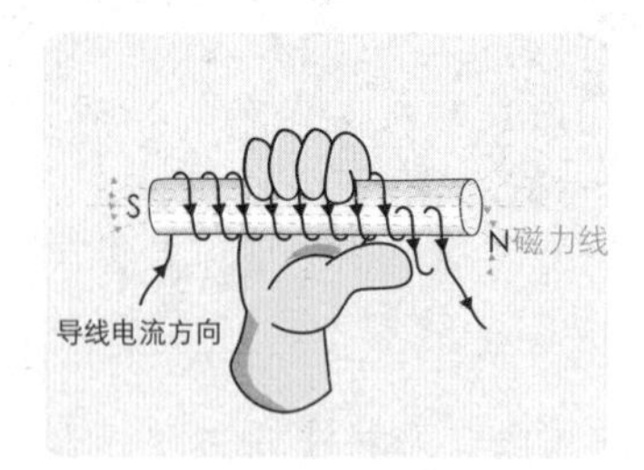

当线圈为螺线形的样子时，通入电流后以似电流方向，则此时大拇指所指的方向便是磁场的N极，另一边则是S极。

铁钉也可以变磁铁

●电磁铁

一般来说，导线所制造出来的磁场并不大，我们可以在螺线管中加入可磁化的铁钉，铁钉被螺线管的磁场磁化后变成磁铁，这种用电制作出来的磁铁，我们称为电磁铁，电磁铁可以用来吸引铁磁性的金属或是磁铁。许多汽车回收场便是利用强力的电磁铁来搬运车辆。

●**铁钉的磁化**

一般可以被磁铁所吸引的东西我们称为铁磁性物质，简单来说，可将铁钉的内部视为一个个的小磁铁，在原本杂乱的分布下，磁性互相抵消，所以没有磁场存在。但在外部磁铁靠近时，铁钉内部会因为磁性相吸，让原本杂乱分布的小磁铁重新排列，如此一来铁钉就带有磁性了。

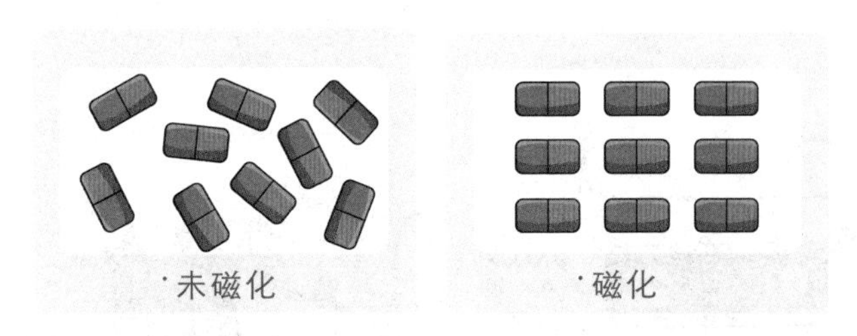
·未磁化 ·磁化

自从电流的磁效应发现之后，就有科学家开始思考，既然电可以生磁，那究竟磁可不可以生电呢？这一研究，过了将近10年，才由科学家法拉第发现了磁生电的现象。

电生磁，磁也可以生电吗？

自奥斯特发现了电流磁效应后，许多科学家便猜想着磁生电的可能，在10年的研究中，法拉第试过了各种的方法，利用了各种磁铁，改造了各种线圈，某一次实验失败后，他忍不住将磁铁乱丢，而这磁铁刚好掉进一个线圈当中，此时，他注意到线圈上的检流计指针发生了偏转，于是他便发现了，在线圈中如果磁场大小发生变化，线圈就会产生电流。

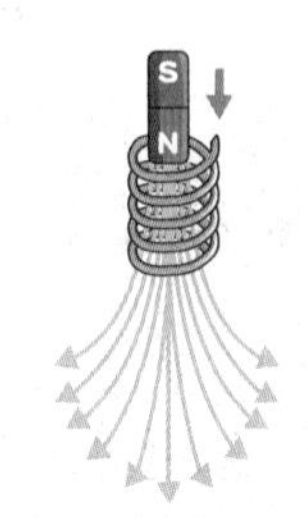

磁铁靠近时，线圈内的磁场变大。

之后，科学家楞次解释了电磁感应中，电流所产生的方向。在电磁感应中，线圈会抵抗磁铁所带来的磁场变化，比如当磁铁N极靠近时，线圈为了抵抗，产生感应电流，而感应电流所造成的磁场方向就是去抵抗N极的方向，再借助安培右手定则，我们便可以知道电流的流向。

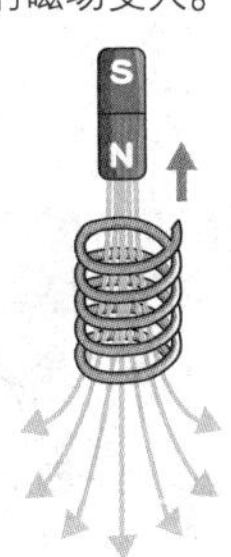

磁铁远离时，线圈内的磁场变小。

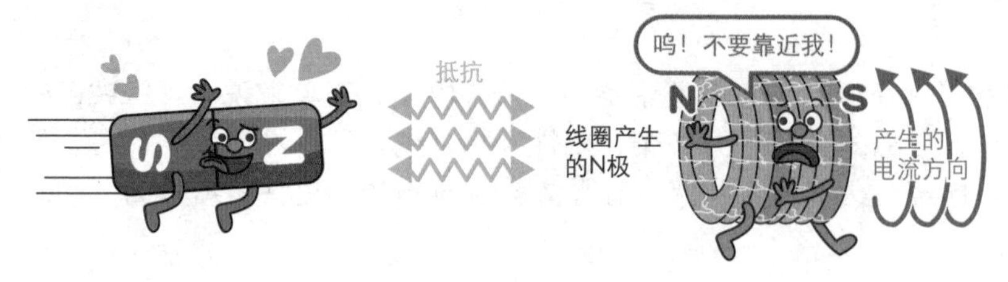

线圈为了抵抗N极的靠近，会产生感应电流，制造磁场去抵抗。

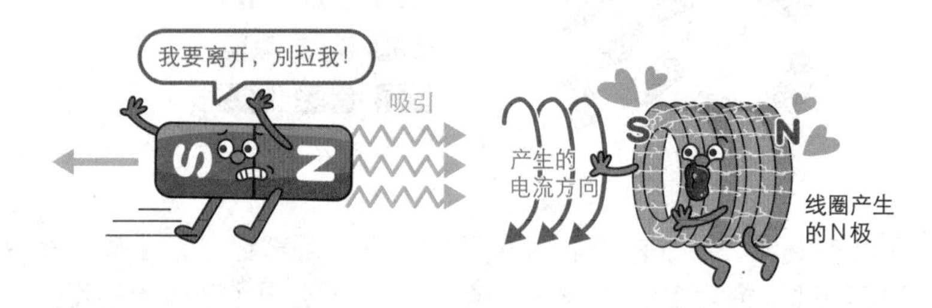

当N极要远离时，线圈为了抵抗N极离开，便会产生感应电流，
产生S极去吸引N极。

科技新趋势：无线充电

无线充电的原理，就是利用磁场的变化，来使电器内的线圈产生感应电流，电流再对电器内的电池充电。无线充电目前已经使用在电动牙刷等小电器上，未来有可能会发展到更多电器使用上，比如智能型手机等。

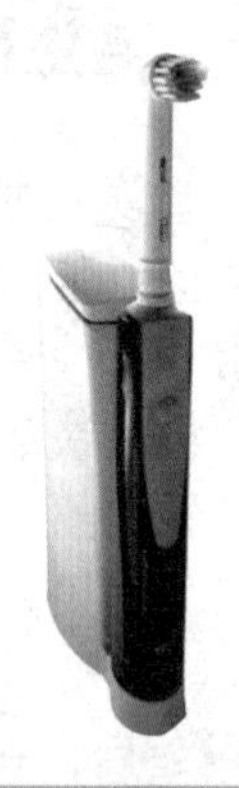

无线充电的优点	无线充电的缺点
无须接通电路，减少触电的危险。	效率较低，有许多的能量会转成热能损耗掉。
充电电路在电器内，减少腐蚀损耗。	所使用的线圈电路，会比直接充电的电路成本来得高。
可对人体内的电子用品进行充电，不必以电线穿进入体内，可减少感染的风险。	充电时装置必须摆放在充电线圈上，不可任意移动。

科学好好玩 70 单极马达

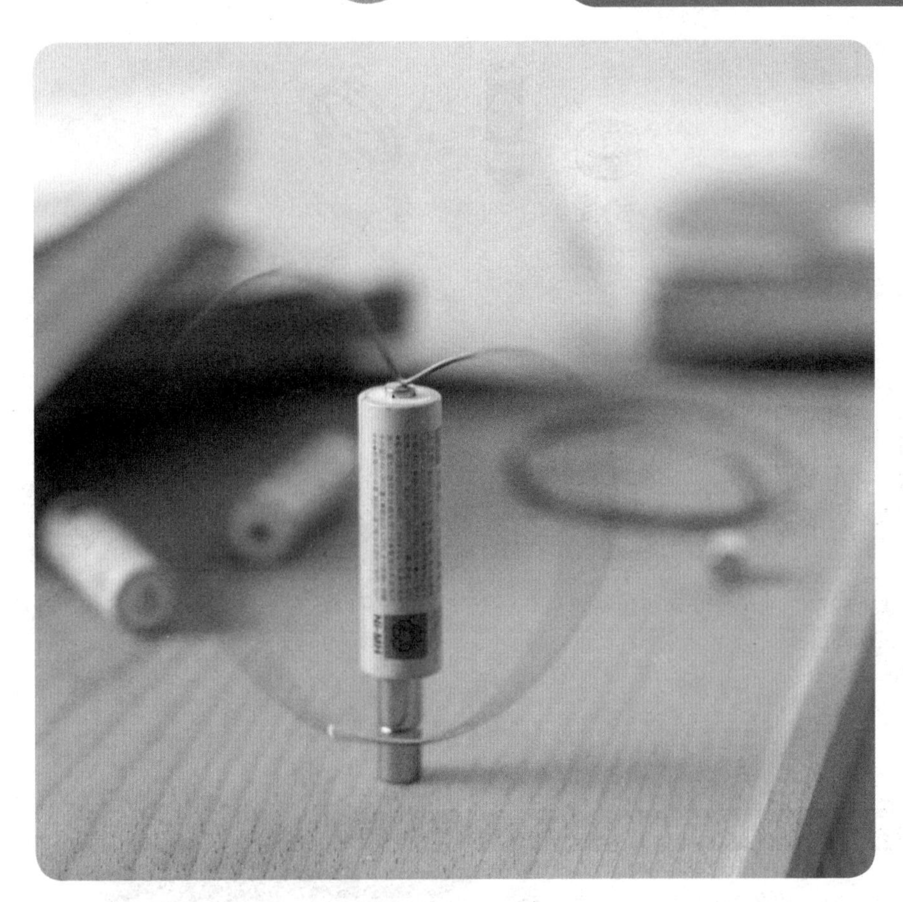

无形的磁力推手

通电导线所产生的磁场，会和磁铁的磁场产生排斥或是吸引，让导线获得力而开始转动。

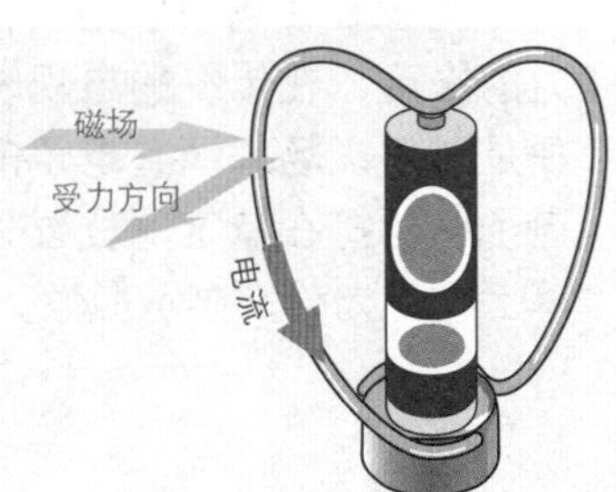

难 易 度	★★★★☆
家长陪同	□必须 ■可自主

实验材料

1. 强力磁铁

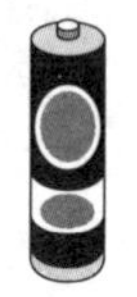
2. 电池

3. 铜线

实验步骤

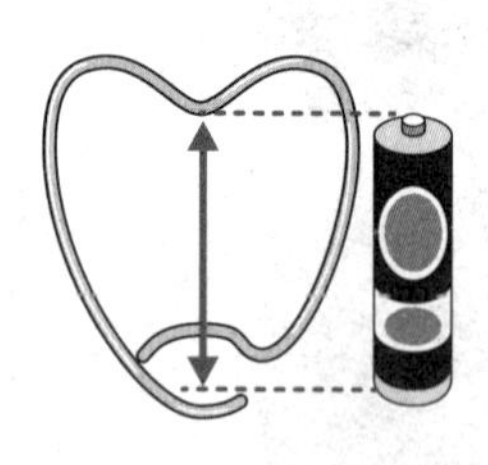

1 将铜线弯折成左右平衡的形状，高度要配合干电池的大小。

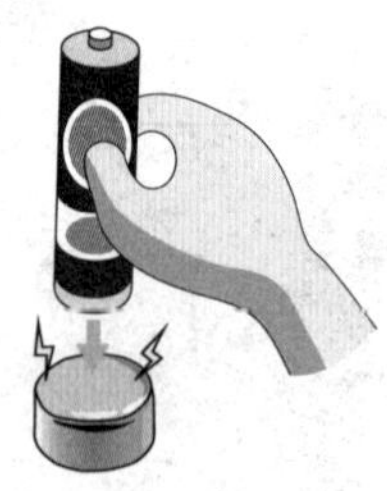

2 将磁铁放在干电池底部，磁铁会紧紧吸住电池。

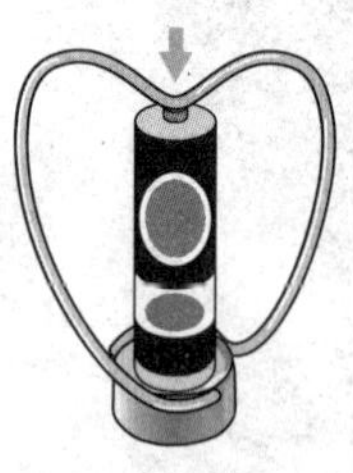

3 把弯折好的铜线放上去。

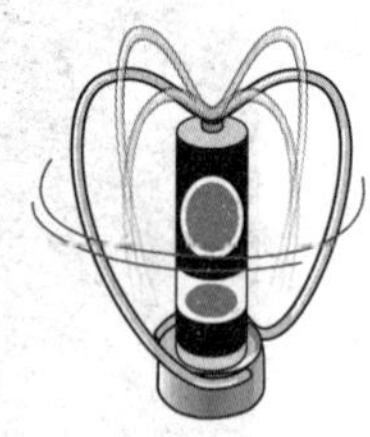

4 铜线会快速旋转，如果铜线不会旋转，可调整铜线与磁铁的接触点，不要太紧，但必须接触，才能构成通路。

电视机也是利用磁场来显像

生活小教室

电子在磁场中移动，也会受到磁力的作用，在传统的电视映像管中，便是利用磁场来调整电子的方向，使电子可以打在特定的位置上，激发屏幕上的荧光粉来显示影像。

科学好好玩  自制喇叭

为什么小小箱子却可以把声音放大？

喇叭的基本组件是线圈、磁铁和震动膜，通过输入电子信号，使线圈和磁铁产生交互作用，并带动震动膜来发出声音。

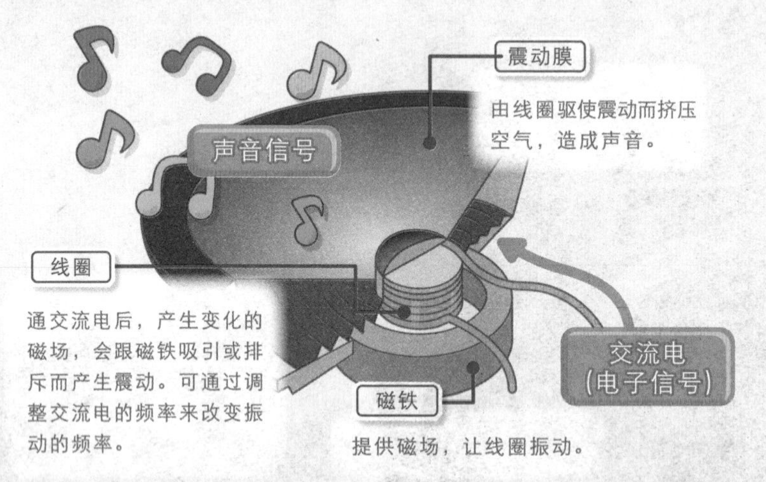

线圈通电时会产生磁场，所以当线圈通交流电时，会产生不停变换的磁场。

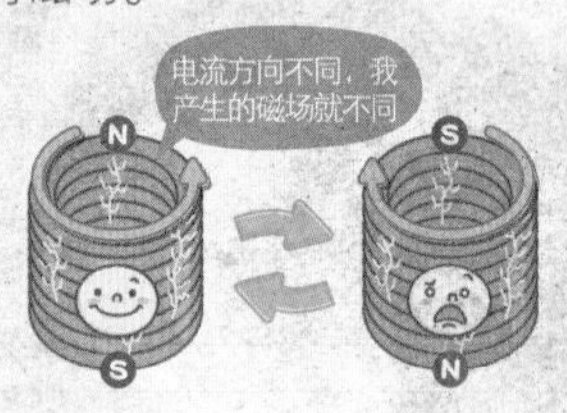

若是有磁铁在此线圈旁边，线圈产生的磁场会跟磁铁一下子相吸，一下子相斥，不断地来回震动。

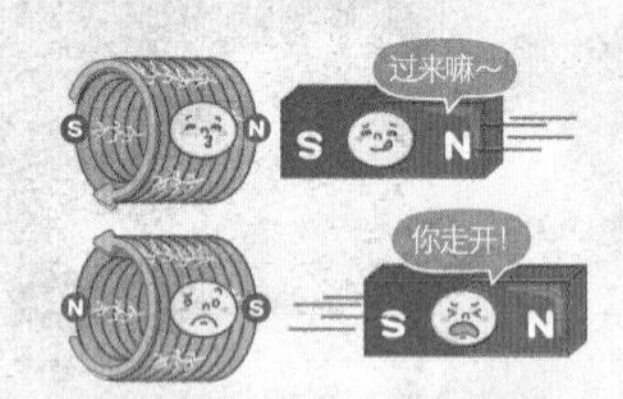

喇叭（扬声器）里面有震动膜片粘在线圈上，随着线圈一起做震动。

震荡中的膜片会挤压附近的空气，使空气一起振动进而产生声音。

难易度	★★★★★
家长陪同	□必须 ■可自主

实验材料

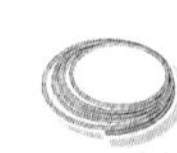
1. 线圈

2. 纸杯两个

3. 音源线

4. 强力磁铁

5. 胶水

6. 双面胶

7. 剪刀

实验步骤

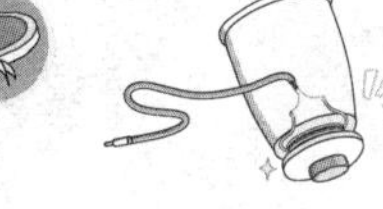
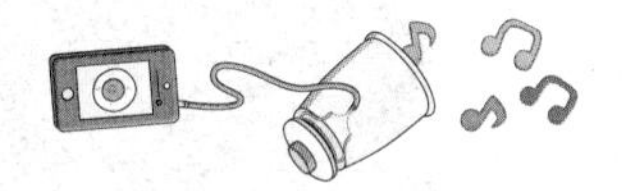

1. 将线圈两端接上音源线。
2. 将线圈粘在纸杯底部。
3. 剪下另外一个纸杯的底部，粘上强力磁铁。
4. 将纸杯放在磁铁上面，但线圈不要碰到磁铁。
5. 将音源线接手机，放出音乐，听听看有没有声音？

原理不同，效果一样

生活小教室

麦克风的原理刚好与喇叭相反，是将声音信号转成电子信号，当声波进入动圈式麦克风后，震膜受到声波影响，会带着线圈在磁铁的磁场中来回振动，通过电磁感应，转换成电磁信号。

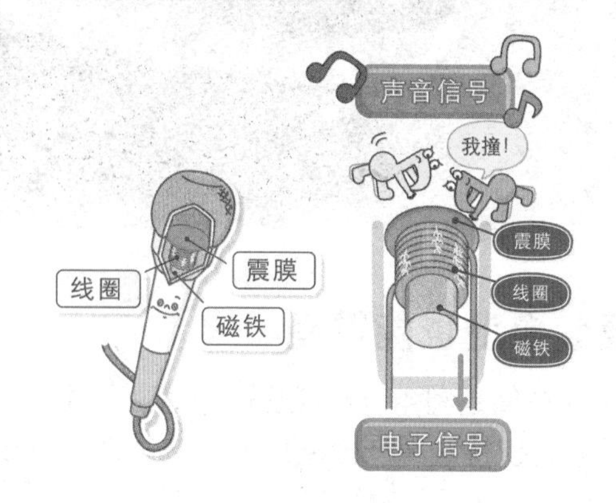

科学好好玩 72 自制手电筒

不需要装电池也能发亮

自制手电筒是利用电磁感应的原理来发电，不断摇晃吸管，管内的磁铁便会左右来回通过线圈，使得线圈产生感应电流，去抵抗磁场的变化而发电。

难 易 度	★★★★☆
家长陪同	□必须 ■可自主

LESSON 24

实验材料

1. 粗吸管

2. 小气球

3. 强力磁铁

4. 金属线圈（约 40 号铜线 700 圈）

5. 剪刀

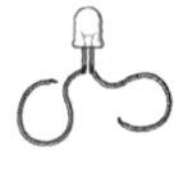

6. LED 灯

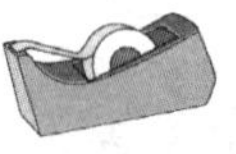

7. 胶带

实验步骤

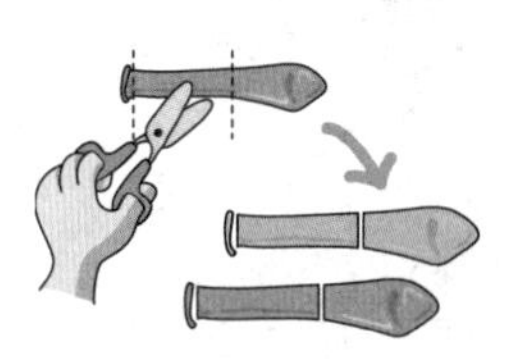

1 将气球剪成三段。

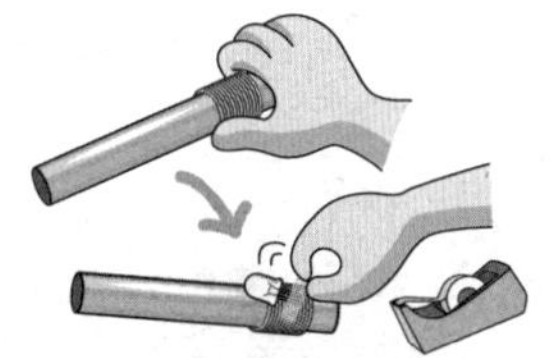

2 把金属线圈套在吸管外，将线头的两端分别与 LED 相接后，固定在吸管上。

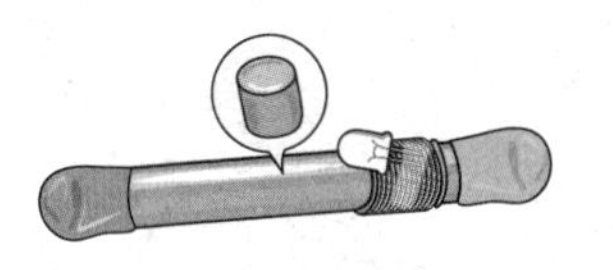

3 吸管中放入强力磁铁，再用气球套在吸管末端，将吸管封住。

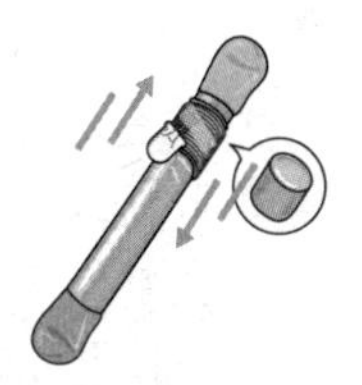

4 摇摇看，当磁铁通过线圈时，灯是不是亮了呢？

生活小教室

常见的发电方式

现代发电厂的发电方式，除了太阳能发电外，其他多数的电场，都是通过推动发电机的线圈，使得通过线圈的磁场不断发生变化，产生感应电流来发电。

火力发电厂

以燃烧天燃气、燃煤、燃油等石化材料为主，通过燃烧时产生的热量加热水变成水蒸气，水蒸气的动能推动发电机的涡轮线圈来发电。

核能发电厂

以铀核分裂所产生的巨大能量加热水变成水蒸气，水蒸气推动发电机来发电。

特别追加

科学先修班 地球科学

本章通过天气瓶、晶灵世界和百慕大三角等实验，让大家更了解地球上发生的科学现象。

科学好好玩73：自制天气瓶

天气瓶是早期用来预测天气的工具，影响天气的因素有许多，包括温度、湿度、气压等，为什么一个瓶子可以预测天气？而且真的准确吗？

科学好好玩74：晶灵世界

水晶在自然界形成的原理包含了物理、化学中的溶液概念以及地球科学中对矿石的介绍，在高中课程还会提到晶体。晶体会形成不同的形状。通过明矾来制作晶体的实验，可以将这些概念一次学习完喔！

科学好好玩75：百慕大三角

百慕大三角是一个充满神秘的地区，多少年来发生的奇特现象，一直困扰着科学家们，直到近年专家们才提出相对合理的科学解释，你猜猜是什么？

可以预测天气的瓶子？地球人不可不知的地球科学！

天气瓶又称为暴风瓶，起源于 18 世纪的英国，相传是可以预测天气的一种工具，但经过科学家的研究之后发现，天气的变化与温度、湿度和气压等许多因素有关，而暴风瓶的溶液是密封的，只能感受到温度变化，所以暴风瓶的变化只可以观测到气温的改变。

如果有大片的结晶分布，为低温寒冷的天气。

寒冷

如果有少量大片的结晶，表示寒冷的天气回暖。

回暖

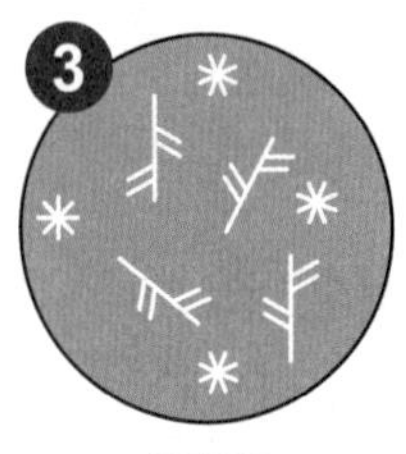

瓶子顶部有丝状结晶，则是台风或下雨的天气。

雨天

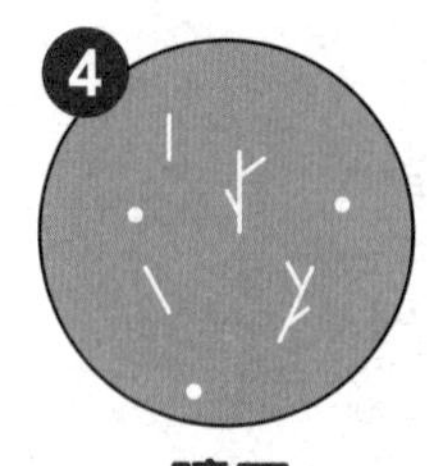

天气瓶中的液体如果澄清，就是晴朗的好天气。

晴天

风从哪里来？

空气在流动的时候就会产生风，究竟空气是怎么流动的呢？空气中有许多气体（像氧气、二氧化碳等），随着地点以及温度的不同，每个地方的气体数量都不一样，而气体会往气体比较少的地方移动，风就是这样产生的。

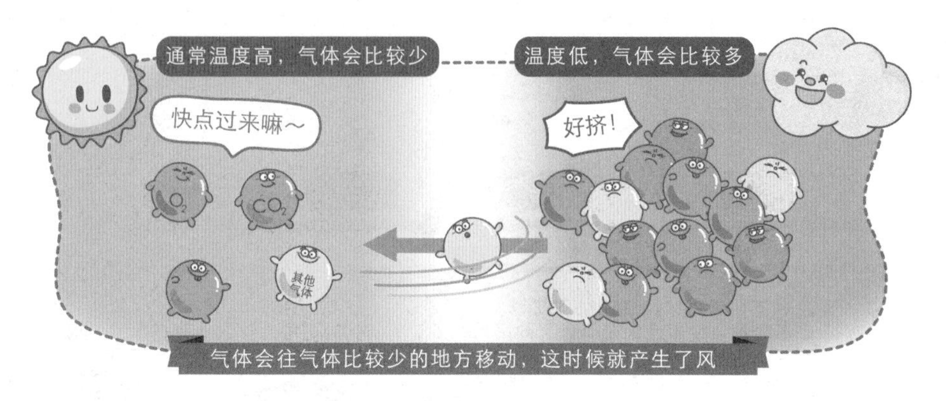

当越多的气体一起往气体非常少的地方挤过去，产生的风就会比较强，一般来说，暴风雪的风速每小时可以跑 56 千米以上，比轻度台风的风速稍微慢一些，但是强烈的暴风雪风速可以达到每小时 100 千米以上，已经接近中度台风的风速了。

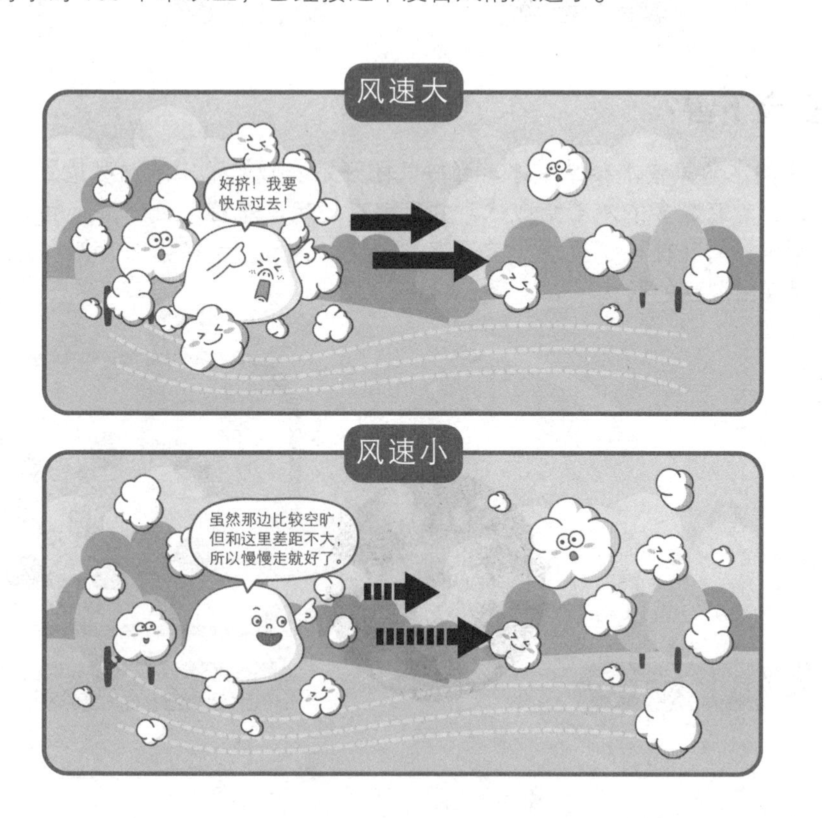

风速分级表

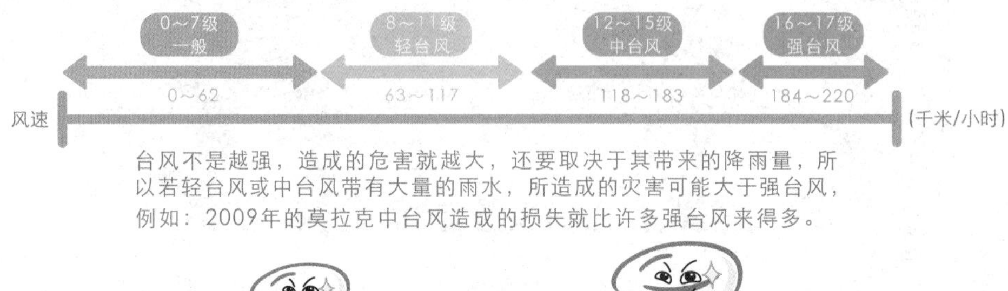

台风不是越强，造成的危害就越大，还要取决于其带来的降雨量，所以若轻台风或中台风带有大量的雨水，所造成的灾害可能大于强台风，例如：2009年的莫拉克中台风造成的损失就比许多强台风来得多。

2009年莫拉克中台风造成的损失很大

2007年圣帕强台风造成的损失小些

为什么会下雪？

雪是在云中的水蒸气或水凝结成冰，当冷气团开始发威，云中的温度达到了0℃，水会开始凝结成冰，当越来越多的水凝结成冰，并且聚在一起，随着重量变重而落下，就形成了雪。在许多电影里，雪花往往都呈现非常漂亮的形状，这是因为在结冰时，水会规律地排列凝结在一起，呈现出漂亮的形状！

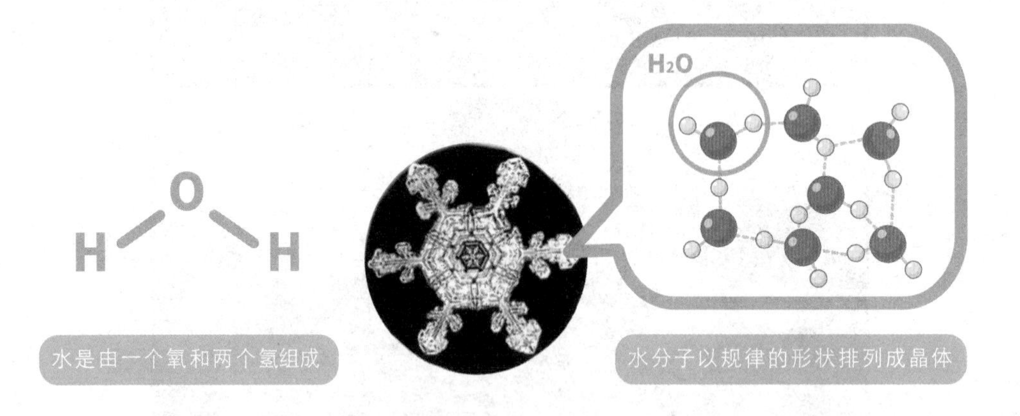

水是由一个氧和两个氢组成

水分子以规律的形状排列成晶体

科学好好玩 73 自制天气瓶

可以预测气象的秘密

暴风瓶里面有樟脑、氯化铵和硝酸钾三种物质，溶液是由水和酒精组成的酒精水溶液，暴风瓶里的结晶变化是因为在不同温度下，三种物质对酒精水溶液的溶解度和结晶的速度不一样，互相作用所形成的美丽结晶。

樟脑

早期的樟脑是从樟树中提炼出来的，现在多是以化学合成的方式来获得，可以用来除臭驱虫。

外观：白色或无色晶体。
性质：难溶于水，可溶于酒精，有刺激性味道。
用途：除臭、驱虫、制作早期火药的材料之一。

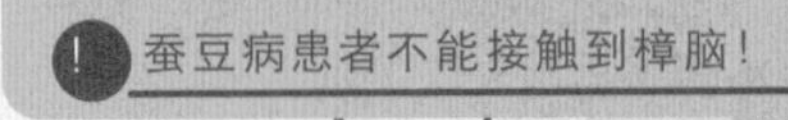

蚕豆病患者不能接触到樟脑！

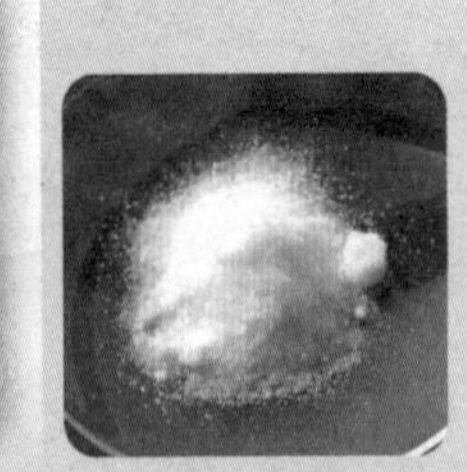

硝酸钾 (KNO_3)

外观：白色粉末。
性质：溶于水，微溶于酒精。为强烈的可燃性物质。
用途：制作火药、提炼肥料等。

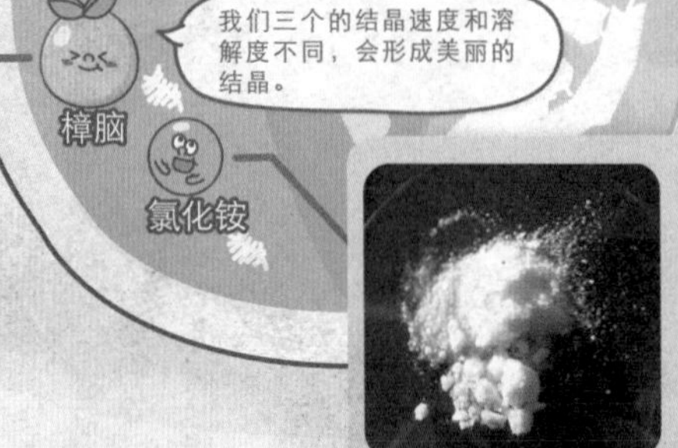

氯化铵 (NH_4Cl)

外观：无色或白色晶体。
性质：易溶于水，微溶于酒精，水溶液呈弱酸性。
用途：制作肥料、干电池的添加物等。

难 易 度	★★★☆☆
家长陪同	■必须 □可自主

实验材料

1. 6 克硝酸钾

2. 6 克氯化铵

3. 100 毫升酒精

4. 85 毫升蒸溜水

5. 烧杯

6. 25 克樟脑粉

7. 瓶子

8. 搅拌棒

实验步骤

1 溶液 A：将硝酸钾和氯化铵溶解于水中，搅拌均匀。

2 溶液 B：于另外一个烧杯内，将樟脑粉溶解于酒精中，搅拌均匀。

3 将溶液 B 加到溶液 A 中，搅拌均匀。

4 把混合好的溶液 A + B 倒入玻璃容器，盖紧盖子，静置一周后，观察瓶内结晶变化。

大自然的美丽结晶！

水晶由大量的石英结晶而成，主要成分为二氧化硅，是从富含二氧化硅的地下水中结晶而得，水晶的产生必须在特定的条件下，才能结晶出较大且透明的晶体，否则只会产生混浊细小的结晶。

水晶产生的过程与条件是什么呢？

形成大型水晶的条件非常严苛，只要硅砂、温度、压力或地质发生变化，就会让水晶生长变慢，甚至有可能变成不透明的石英。

成分相同为什么颜色不同？

水晶有非常多的种类，白水晶、黄水晶、紫水晶……其主要的成分都是二氧化硅，但是为什么会有这么多种颜色呢？这是因为水晶里微量化合物不同所造成的变化。

黄水晶的颜色为三价铁（Fe^{3+}）反射出的颜色。

紫水晶中的三价铁（Fe^{3+}）会取代硅，使结构上发生改变，吸收大部分光线反射紫光。

绿水晶中参杂了微量的镁铁化合物。

自制水晶

将毛根或蛋壳放进高温的饱和明矾水溶液中，等到溶液冷却，形成过饱和溶液，此时明矾便会析出，并且结晶在毛根或蛋壳上。

难易度	★★★★☆
家长陪同	■必须 □可自主

实验材料

1. 电磁炉

2. 锅子

3. 色素

4. 明矾

5. 毛根

实验步骤

1 将20克明矾倒入100毫升的水中，加热成为饱和溶液。

2 将毛根折成自己喜欢的形状。

3 把刚刚折好的毛根放入明矾的饱和水溶液。

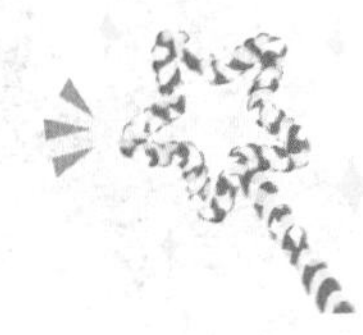
4 静置冷却一小时后，毛根长满了结晶。

结晶形成的时间和样式，与温度变化有极大关系，温度越低结晶时间越快。

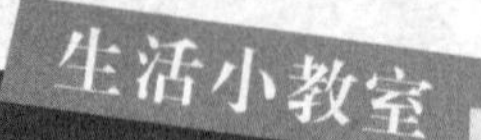

慢慢长大的硅晶棒

硅晶圆是制作晶体管的材料，对硅的纯度要求非常高（需99.9999999%），通过荷兰科学家柴可拉斯基在1916年所发明的方法，可以慢慢拉出高纯度的硅晶棒，因为硅晶棒看起来像是慢慢长大的样子，因此又称为长晶。

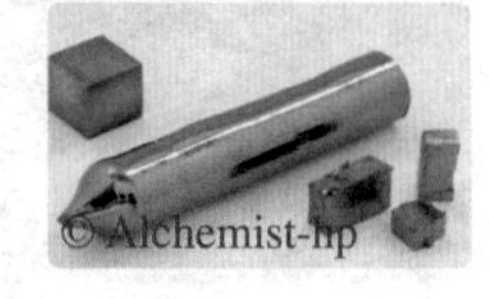

1 把硅原料放进长晶炉中加热熔化。

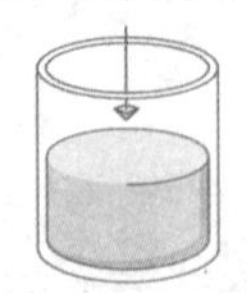
2 将硅晶种放入液体中。

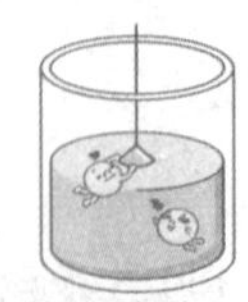
3 液体中的硅元素会附着在硅晶种上。

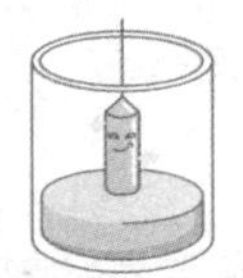
4 随着晶体附着，长出硅晶棒。

让船沉没的泡泡

吹气时，产生的大量泡泡，会使水的平均密度下降，当船的密度比水大时，就会往下沉了。

难易度	★★☆☆☆
家长陪同	□必须 ■可自主

实验材料

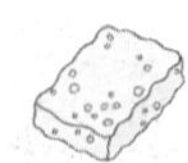

1. 海绵　3. 铝箔纸　2. 可弯吸管　4. 剪刀　5. 酒精胶　6. 矿泉水瓶（瓶盖先钻洞）

实验步骤

1 把可弯吸管较短的一端插入矿泉水瓶瓶盖的洞口中，并用酒精胶粘好。

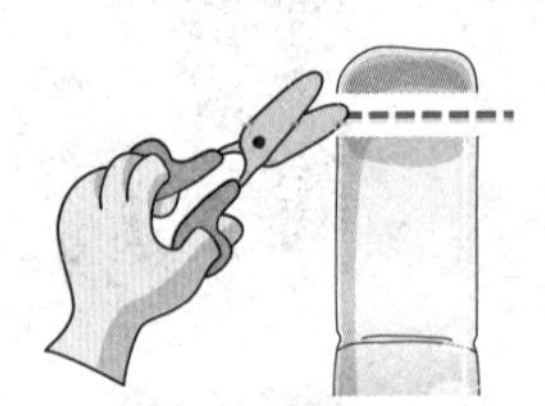

2 将矿泉水瓶底部剪掉。

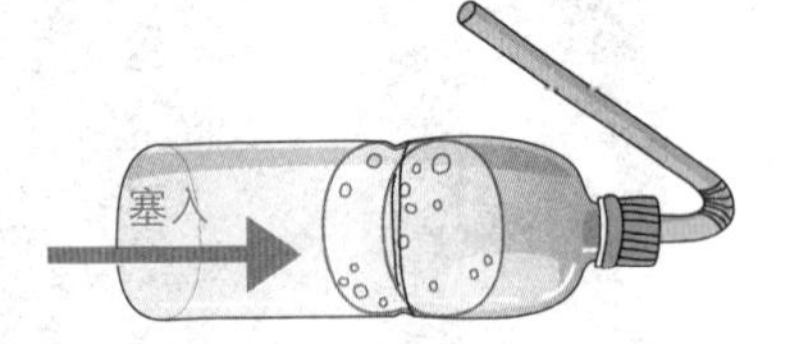

3 把海绵塞到矿泉水瓶的凹凸处后，旋紧瓶盖。

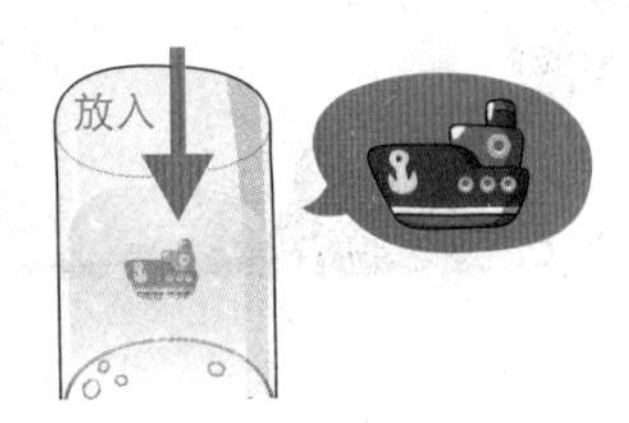

4 矿泉水瓶内装水，再将小船放入瓶内。

5 对吸管吹气并观察小船的情形。吹气前可先用手按住吸管，防止水流出。

生活小教室

解密百慕大三角！

百慕大三角为英属百慕大群岛、美属波多黎各及美国佛罗里达半岛南端所形成，百慕大三角经常发生船只或飞机神秘消失的事件，且连船和飞机的残骸碎片都找不到。

近来根据科学家的研究，发现导致事件发生的原因有下列几种可能：

1 深海区的岩浆喷发

海底火山爆发，除了海水冲起之外，大量的气泡会使得海水密度下降，浮力无法支撑船只而沉船。

2 可燃冰

可燃冰是固态的水在晶格中包含着甲烷，一旦甲烷脱离冰晶，甲烷气泡大量上冲，便有可能在海面形成 30 米的潮汐波，会在瞬间打翻任何船只。

此外，因为甲烷的密度较低，无法提供船和飞机足够的浮力，只要船或飞机行经大量的甲烷上方，便有可能失去浮力而沉没。

甲烷还可能会影响飞机测高仪的功能。因为甲烷密度较小的关系，会让测高仪显示飞机正在上升中，这时飞行员只要相信了仪器，调整往下，就有可能发生意外。

3 海龙卷、飓风和闪电

海龙卷、飓风和闪电这三种气候现象，在百慕大三角也常常出现，可能会无预警地袭击船只或飞机，造成意外。